册府千華

珍贵古籍雕版特展图录

国家古籍保护中心
国　家　图　书　馆　编

国家图书馆出版社

图书在版编目（CIP）数据

册府千华：珍贵古籍雕版特展图录／国家古籍保护中心；国家图书馆编.—北京：国家图书馆出版社，2015.6

ISBN 978-7-5013-5607-2

Ⅰ.①册…　Ⅱ.①国…②国…　Ⅲ.①木版水印—中国—古代—图集　Ⅳ.①TS872-64

中国版本图书馆CIP数据核字（2015）第114697号

书　名　**册府千华——珍贵古籍雕版特展图录**

编　者　国家古籍保护中心　国家图书馆　编
责任编辑　王燕来
装帧设计　九雅工作室

出　版　国家图书馆出版社（100034　北京市西城区文津街7号）
（原书目文献出版社　北京图书馆出版社）
发　行　（010）66114536　66126153　66151313　66175620
66121706（传真），66126156（门市部）
E-mail　cbs@nlc.gov.cn（邮购）
Website　www.nlcpress.com→投稿中心
经　销　新华书店
印　装　北京信彩瑞禾印刷厂
版　次　2015年6月第1版　2015年6月第1次印刷

开　本　889×1194毫米　1/16
印　张　12.5
字　数　100千字

书　号　ISBN978-7-5013-5607-2
定　价　260.00元

中华古籍保护计划

ZHONG HUA GU JI BAO HU JI HUA CHENG GUO

·成 果·

编纂委员会

目 录

前 言

印刷术是我国古代四大发明之一，也是中华民族对世界文明的伟大贡献。从商周到隋唐的两千多年里，古人主要以契刻、手写等方式制作典籍，推进文明的进步。随着时代的发展，大量复制书籍的需求日益增加，雕版印刷术应运而生，这是书籍生产方式上的伟大变革，有利于知识的广泛传播。

雕版印刷是一种将图文刻于木、铜等板料之上，然后在板上加墨印刷的传统工艺。这一技艺完美地实现了艺术创作、文化传播、文明交流和文化传承等功能，人类文明因之更加丰富和精彩。古籍版片，指历史上雕版刷制古籍之后的版片留存。我国古代雕版印书发端于唐，奠基于五代，兴盛于两宋，延衰于元明清。直至近代，雕版印刷一直占据着中国印刷业的主要位置。其间，举凡官署、藩府、私宅、坊肆、儒学、书院等竞相刻书，为后世留下了浩如烟海的典籍，弘扬了传统文化，但刷印这些典籍的版片迄今却万不一存，弥足珍贵。

这些雕版与其所刷印的典籍一样，记载了中华民族在建设家园的奋斗中开展的精神活动、进行的理性思维、创造的文化成果，反映了中华民族的精神追求，是中华民族生生不息、发展壮大的重要滋养，具有极高的历史文物价值、文学艺术价值和学术资料价值，是我国雕版印刷技艺的重要实物证据，也是重要的文化遗产，需要我们深入地做好保护、研究和利用。因此，将传世珍稀的古籍版片纳入国家珍贵古籍保护体系是古籍保护工作应有之义：一是要将历史上流传下来的有限古籍版片进行登记、揭示和研究，促进公众对于这一文化遗产的认知；二是要对这些留存至今的珍贵雕版版片进行科学有效的保护，使人类的文化财富传之久远；三是要促进雕版印刷技艺的活态保护和传承，同时也增强各有关收藏机构或个人对古籍版片的重视和保护，从而推进中华优秀传统文化的弘扬。

近来，中华传统文化受到全社会越来越多的关注。习近平总书记在2013年8月19日召开的全国宣传思想工作会议上强调，中华文化积淀着中华民族最深沉的精神追求，是中华民族生生不息、发展壮大的丰厚滋养；中华优秀传统文化是中华民族的突出优势，是我们最深厚的文化软实力。此后，习近平总书记在主持中共中央政治局第十二次集体学习时更进一步强调，在5000多年文明发展进程中，中华民族创造了博大精深的灿烂文化，要使中华民族最基本的文化基因与当代文化相适应、与现代社会相协调，以人们喜闻乐见、具有广泛参与性的方式推广开来，把跨越时空、超越国度、富有永恒魅力、具有当代价值的文化精神弘扬起来，把继承传统优秀文化又弘扬时代精神、立足本国又面向世界的当代中国文化创新成果传播出去。由此可见，评审公布《国家珍贵古籍名录》和“全国古籍重点保护单位”，逐步加大古籍保护工作力度并纳入新的内容，正是为了贯彻落实中央精神，通过国家层面的顶层设计来引导社会各界对传统文化的关注，加强对优秀传统文化进行有效保护和利用，进而让“书写在古籍里的文字都活起来”。

2007年1月，《国务院办公厅关于进一步加强古籍保护工作的意见》（国办发〔2007〕6号）（以下简称《意见》）的颁布，标志着我国历史上首次由政府主持开展的国家级重要文化工程——“中华古籍保护计划”正式启动。《意见》明确要求建立《国家珍贵古籍名录》，实现古籍的分级保护；命名“全国古籍重点保护单位”，完成一批古籍书库的标准化建设。2008年至今，国务院先后公布了4批《国家珍贵古籍名录》，共计11375部古籍入选，包括汉文和少数民族文字古籍、简帛古籍、敦煌遗书、碑帖拓本、古代舆图和外文珍贵古籍。为充分展示这些被推荐列入《国家珍贵古籍名录》的宝贵文物，我们特举办“国家珍贵古籍特展”系列展览，该系列展览由文化部主办、国家图书馆（国家古籍保护中心）承办，先后于2008年6月14日、2009年6月13日、2010年6月11日、2013年12月11日成功举办了四届。历次展览均以其规模大、展品精受到公众的极大关注，观展人数屡创新高，产生了强烈的社会效应。《国家珍贵古籍名录》和“全国古籍重点保护单位”的历次评审活动和相关的展览活动，有力地带动了古籍普查登记等一系列古籍保护工作，上海、江苏、山东、浙江、海南等18个省份相继开展了省级珍贵古籍名录和重点古籍保护单位的申报评审工作，古籍分级保护制度逐步建立，古籍保护理念深入人心。

2014年，经全国古籍保护工作专家委员会研究并通过，报文化部批准同意，古籍版片和版片收藏机构被正式纳入第五批《国家珍贵古籍名录》和“全国古籍重点保护单位”的申报范围。各收藏机构积极申报，全国古籍保护工作专家委员会严格评审后，初步选定我国古籍雕版版片70余种，共计114623片进入推荐名单。

为继承和弘扬中华民族优秀传统文化，展示中国雕版印刷的丰富内涵和独特魅力，在第十个“文化遗产日”来临之际，我们特从推荐入选第五批《国家珍贵古籍名录》的雕版版片中精选出部分版片，结合私人藏家藏品、雕版印刷技艺和相关典籍文献，举办“册府千华——珍贵古籍雕版特展”。本次展览受到各收藏单位和私人藏家的鼎力支持。本次展览共分为五个单元：第一单元为“雕版的发明与发展”，简述了雕版印刷术自唐至民国的发展史，展示了各个发展阶段的代表性成就和文物；第二单元为“古籍雕版”，按照经史子集的顺序，展示了各收藏机构提供的、推荐入选《国家珍贵古籍名录》的珍贵版片，其中包括宁夏博物馆和宁夏银川西夏博物馆藏1990年出土于贺兰县潘昶乡宏佛塔的西夏晚期（1190—1227）西夏文雕版版片，故宫博物院藏明嘉靖四十二年（1563）刻《大乘诸品经咒》《佛说高王观世音经》版片、明万历二十三（1595）至三十四年（1606）北京国子监刻《二十一史》版片、清崇德八年（1643）内府刻《蒙古律书》版片、清顺治五年（1648）内府刻满文与蒙古文《皇父摄政王军令》版片，中国科学院文献情报中心藏清道光十年（1830）内府制《柯尔坪之战图》铜版，湖北省老河口市档案馆藏清道光十三年（1833）刻《清道光十三年光化县衙告示》版片，河南省辉县市博物馆藏明末清初大儒孙奇逢（1584—1675）著作雕版版片（包括《四书近指》《书经近指》《理学宗传》《日谱》《夏峰先生集》等十余种），浙江图书馆藏民国三年（1914）至十七年（1928）嘉业堂影宋“前四史”（《史记》《汉书》《后汉书》《三国志》）雕版版片，湖南图书馆藏清光绪刻《南岳志》版片，山东省章丘市博物馆藏清道光刻《玉函山房辑佚书》版片，曲阜文管会孔府文物档案馆藏清康熙刻《幸鲁盛典》版片，天津图书馆藏清道光刻《津门诗钞》版片，河北省保定市图书馆藏清光绪刻《船山师友记》十七卷版片，山东省泰安市博物馆藏清乾隆刻《泰安府志》版片等；第三单元为“日用雕版”，展品均由私人藏家宋平生先生提供，不仅时代跨度较大，涵盖了明、清、民国时期，而且种类繁多，包括契约文书、广告单、年画、票据、婚书、信笺、符咒、甲马、冥币、棋牌、装饰画等等，涉及日常生活的方方面面；第四单元为“雕版技艺”，展示了雕版印刷术的原料、制作工艺等，并配以相关实物和古籍作为展品；第五单元为“雕版印刷活态演示”，对相关技艺进行现场演示，演示者包括上海朵云轩、金陵刻经处、北京邦普制版印刷有限公司等技艺的相关传承人。

本次展览展示的雕版丰富多样，内容涵盖传统文化中经史子集的各个类别，是新中国成立以来第一次对珍贵古籍雕版的全面展示。它不但对推动雕版印刷的保护与传承具有重要意义，而且对于提高人民群众对包括雕版在内的古籍保护工作重要性的认识、增强全社会的文化遗产保护意识、增强我们的文化自觉和文化自信也具有重要意义。

我们将一如既往地以各种方式向社会公众发布“中华古籍保护计划”的各项成果，推动人们对于我国古代典籍文化的认知，把弘扬优秀传统文化和发展现代文化有机统一起来，紧密结合起来，在继承中发展，在发展中继承，共同建设我们的美好家园。

一、雕版印刷术的发明和发展

在雕版印刷发明之前，人类文化信息只能通过“口耳相传”或“临摹手抄”等手段进行保存和传播，信息准确性、传播范围及效率都极其有限。雕版印刷术的出现改变了这一局面，促进了文化信息的交流与传播。

雕版印刷术是经过我国古代人民长期实践而发明的。早在新石器时代，我们的祖先就在陶器上用陶印模压印花纹，这可以说是最原始的印刷。印章起源于3000多年前的商代，在战国两汉普遍使用，印章的使用为雕版印刷的产生提供了启发。南北朝时期，传拓技术用纸和墨从铸刻的器物上捶印出其文字或图案，为印刷术的发明准备了前提条件。在积累了模印、印章、转印等长期经验后，备齐了笔、墨、纸（尤其是价廉质优的纸大量使用后），真正的雕版印刷在唐代应运而生。

唐五代

据文献记载和现存实物显示，唐五代时期雕版印刷术已较成熟。唐代刻书的地方有长安、洛阳、越州、扬州、江东、江西、益州等，印刷内容有大量的宗教书籍和历书等日用印刷品。唐代兴起的雕版印刷业，极大地推动了文化发展与传播。五代出版的监本经书，为后世监本之滥觞。

宋代

雕版印刷术在两宋时期得到广泛应用，雕版印书日趋发达，官府、私家与书坊竞起刊刻，刻书业几乎遍及全国，尤以汴京、浙江、四川、福建、江西最为繁荣。雕版印刷逐渐取代手写而成为文献制作的主要形式。

宋代官刻书分中央和地方机关两种。中央机关以国子监、崇文院、秘书监刻书为多。国子监曾刻印《十二经正义》《十七史》，以及《资治通鉴》《文苑英华》《册府元龟》等重要典籍。其他如崇文院、秘书监及各省官府、儒学、书院皆有刊刻。北宋年间，官府还首次雕版印刷佛教全藏《开宝藏》和道教全藏《政和道藏》。

地方机关刻书很多，据文献记载及现存刻本的官署题衔，名称有茶盐司、转运司、安抚司、提刑司、仓台、计台、漕廨、漕院、学宫、学舍、太医局等。凡地方政府用公库钱所刻书，统称“公使库本”。

宋代家刻、坊刻书亦已流行，所刻多为经史百家、唐宋名家诗文，以及民间日常所需的实用书。现存著名的有南宋时廖莹中世彩堂刻韩愈、柳宗元文集，黄善夫家塾刻《史记》等。

宋代刻书在书写艺术和刻印技巧等方面已经成熟。各地刻书，神气肃穆而不呆滞，镌刻刷印不失原貌。纸墨精莹。

可见在书写、雕镌和刷印上都非常认真。官、私、坊刻本同具有此特点。此外，各地区又因为条件的不同，显示了不同的风格。“浙本”书写多用欧体，挺拔秀丽；“建本”字迹多似柳体，或似徽宗瘦金书体；“蜀本”字体多似颜体，字划肥劲朴厚，结构架势雄浑壮丽，版式疏朗悦目。

辽、金、西夏、蒙古时期

契丹族建立的辽政权重视佛教，大量吸收中原文化，除大量印刷佛经外，也印刷儒家经典、各类史书、诗集及各种工具书。辽代印刷业最发达的是燕京（今北京）、范阳（今河北涿洲）以及今河北、山西北部一带。在当时的燕京，已有多间民间作坊。辽代刻书传世极罕，有关文字记载亦甚少。辽代的大型印刷品为《契丹藏》（《辽藏》）卷轴装，达5000余卷。在山西应县木塔中，发现多件辽代印刷品，极为珍贵。

西夏政府很重视印刷，政府设有纸工院和刻印司等。西夏印刷品中佛经数量最大，据记载，所刻西夏文《大藏经》梵夹装，字画严整，卷首有图，刻印精美。非宗教著作有字书、儒家典籍、史书、兵书和历书等，有西夏文，也有汉文。既有木刻本，还有木活字本和泥活字本。

金代刻书事业相当发达。金灭北宋，将汴梁的书肆和政府的书版以及一部分雕版工人掠去，移往金朝版刻中心——平水（亦称平阳，今山西临汾一带），平水一带成为金代刻书业中心。金代刻本，除官刻监本以外，私家和书坊刻书也很多。私刻多经史、文集；坊刻则多医书、类书及诸宫调。

元代版刻书籍著名的有：蒙古定宗四年（1249）平阳府张存惠晦明轩所刻《重修政和经史证类本草》，蒙古宪宗六年（1256）北京地区赵衍刻《歌诗编》，以及刻成于乃马真后三年（1244）《玄都宝藏》。

元代

元代政府重视刻书，中央政府机关如兴文署、艺文监、国子监、太医院等皆曾刻书。官刻本以各路儒学和书院为最佳。元家刻、坊刻书亦多精美者。元代刻书，承金、宋传统。各地官刻，由官家拨款，不惜费用，选择良工，纸墨用上等。私刻校刊都很认真。书坊刻本也皆延请名家校订，有不少精椠佳刻，成为一代风格。元刻本的特点是字体多仿赵体，多用简体字，行格渐密，由左右双栏渐渐向四周双栏发展，目录和文内篇名上常刻有鱼尾，版心多作黑口。

明代

明代雕版印书在数量上和品种上都超过了宋元两代。官刻如南、北两京国子监刻《十三经》《二十一史》，礼部刻《五经四书大全》，钦天监刻《大统历日》。内府刻书由司礼监经厂统管，内容多为经史读本、性理之书。地方各省官私所刻不下数千种。明藩府刻书，或翻刻宋元旧版古籍，或辑刻艺术、科技书籍，有较高的文献价值。嘉靖、万历时期，北京、南京、苏州、徽州、杭州、湖州等地刻书业盛极一时，传本繁富，校刻精善的名家私刻本比比皆是。私家刻书以明末常熟毛晋汲古阁最多。明书坊刻书前期多经史读本，后期更多戏曲、小说、医书、类书等通俗读物。

清代

清代雕版印刷技术较前代更加进步，特别是内府刊刻的书籍不但数量大，而且精工细雕，式样丰富多彩。清前期官刻多在宫廷内府，武英殿掌刻实录、圣训、御制、钦定、典则、方略及经史、志乘、字学、类纂诸书。康熙时内府外设扬州诗局，所刻《全唐诗》等，刻印俱极精妙。清后期官刻多在地方。同治时各省陆续设官书局，刻书甚多。

清代名家私刻既多且精，向为后世推重，有以写刻精致、纸墨考究著称的“精刻本”，有以校勘精审、摹影追古著称的“精校本”。清书坊遍布各地，苏、扬两州最为繁盛。

清代刻书众多，其轮廓大致为写刻精本肇于康熙，兴于雍乾，手写精整，蔚然成风。因之，这一阶段，精本佳刻迭出。嘉道之后，由于各种原因，刊刻印书的要求，日渐降低。

民国

民国时期雕版印刷术逐渐被新式印刷术所取代。清朝晚期盛极一时的官书局刻书逐渐式微，演变为社会机构刻书。雕版印刷虽然失去其技术上的主导地位，但仍刻印了不少书籍。如随着晚清以来佛学的复兴，刊刻大量佛教典籍。受清末张之洞劝人刻书的影响，民国时期藏书家和学者刻书亦不在少数。

二、雕版印刷技艺

雕版生产中的主要原材料

雕版印刷需要准备的主要原材料有木料、刷版用的墨和纸。古代对这些原材料都有一定的技术要求。

1. 木料

用于雕版的木材多选取粗壮的乔木，以得到较大的版面。木料应分布较广，硬度适中。古人常选的木料是梓木、梨木、枣木，有时也用性质相似的其他果树木料如苹果木、杏木等。因为梓木、梨木、枣木在古代印刷业用的极为普遍，于是“梓行”“付之梨枣”等词常用来表示印刷。

2. 墨

古代印书一般用墨印成图文，有的初印本为了使字迹清晰便于校对，会印成朱印本或蓝印本。早在新石器时代，就已经出现了用天然墨绘制的岩画。红墨以朱砂和红丹为原料。蓝墨主要是植物的茎叶经过发酵后加工处理而得。

3. 纸

满足印书需要的纸，应纸面平滑易受墨，有足够的白度、紧密度和适中的厚度。隋唐五代时，已经制造出适宜印刷的精良纸张。宋以后，印刷多用皮纸和竹纸。

雕版制作工艺

1. 处理木料

处理木料

选好木料后，将木材剥去外表皮，断成适当长度，再将每段木料顺纹理锯成长方形木板。制作雕版，一般先将木板在水中浸泡，取出阴干后，再把两面刨平。用植物油遍涂两面，再用节草的茎部细细打磨平滑。一般印版呈长方形，每版能印2个半叶，中间为鱼尾。

2. 写样和校改

雕刻印版，先规定好字的大小和字体，然后由书手将书稿文字工整地抄写在纸上。写样完成后，要与原稿进行校对，发现有错字时要标出正字，将错字去掉，再贴上正字。发现有漏落字时，用同样的方法补上缺字。

3. 上板刻字

上板刻字一般由熟练的刻工来完成。上板是把写样上的文字或图画以反体转移到刻版上。把有字的一面朝下放到均匀而薄薄施过米浆的版印上去，用棕毛刷在纸的背面轻轻拂拭。纸干后，根据翻转上版的字迹和图画，进行镌刻。

刻字需要先挨着每个字迹的四周刻出一条细线，再把空白的部分铲去，再用凿子挖去多余的部分。直行两旁的行格及印版四周的边栏，粗刻后还要用小的直刃刻刀细细修整，使浮雕的线纹清晰。最后，沿着印版四周的边栏，把多出的部分锯平，完成整个刻字工序。

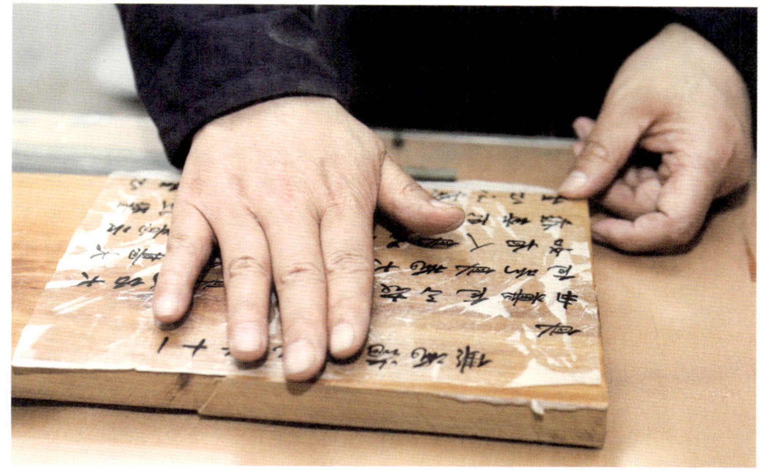

上版

雕版工具

刻字

4.校对修改和清理刷印

雕刻印版的过程中，发现印版上有错误，或刻断线条时，可以修补。将木版上错误的部分挖成凹槽，用楔形木料嵌入雕刻正确的版块。印版刻完后洗净，固定在桌子上。印工先用圆墨刷蘸墨涂在印版的浮雕面上，然后覆纸，用长刷

刷印

在纸背面刷动，纸面就会留下图文。印完后可以把印版保存好，要加印时随时取出再印。

套印

随着雕版印刷的发展，普通的单色印刷逐渐发展为能印制多色的套印技术。

套印的雏形是单版多色印刷，即将不同颜色刷涂在同一块雕版上敷印，或者直接对雕版单色印刷品手工上色，后来发展为分版分色印刷，即不同内容对应不同颜色，为每种颜色各镂刻一块雕版，再轮番刷印。制作套印本耗时耗力，因而售价较高。

饾版拱花

“饾版”是将彩色画稿按不同颜色分别勾摹下来，刻成一块一块的小木版，然后逐色依次套印或迭印，最后形成一幅完整的彩色图画。饾版印出的作品颜色的浓淡深浅、阴阳向背，几与原作无异。这种印刷方式因印版形似饾饤（一种五色小饼），故名“饾版”印刷，也称为彩色套版印刷。

“拱花”是使花纹线条凸出于纸面的一种特殊的方法，其做法是：将凸版的木块衬托在宣纸下，用木棍或木槌压印或捶敲，使画面线条凸出于纸面，成为浮雕的样子，富有立体感，适合表现鸟类的羽毛和行云流水。

现存最早的饾版印刷品是江宁人吴发祥在明天启六年（1626）刻印的《萝轩变古笺谱》。最负盛名的饾版印刷品是明代南京胡正言用饾版印刷的《十竹斋笺谱》和《十竹斋画谱》，这些印刷品刊版套印之精湛，施墨着色之娴雅妍丽，已经达到了雕版印刷技艺的高峰。

三、书籍雕版

雕版印刷在书籍印制方面最为成熟，技艺精湛，也最具典型性和代表性，成果最多，为我们留下了诸多珍贵文化遗产，值得我们科学保护、深入研究。书籍雕版因其承载着中华民族的文化基因，故有学者称之为“文明之母”。从现存雕版片来看，它涵盖了中华文明的各个层面，无愧此一赞誉。

十三经注疏三百三十五卷

明万历十四年（1586）至二十一年（1593）北京国子监刻版。木板，凸版。版片高24厘米，宽31厘米，厚2.6厘米。存36片。

故宫博物院藏雕版版片多源于清内府。清内府书版的来源主要有以下三个方面：其一，清廷入关后接收的明内府遗存书版，但因年代久远，多有残缺。其二，清代臣工承刻与进呈的书版。其三，清内府武英殿及各部衙门刊刻的书版经版。

清代内府刻书始于顺治朝，初由明司礼监经厂承办，以新刻、修补明代内府遗存书版为主，数量不多，所雕印之书，带有明显的晚明内府刻书风格。自康熙十九年（1680）清内府武英殿造办处增设修书处，承办刻书事宜，真正意义上的武英殿刻书才开始。清内府历来对书版的管理非常严格，将明代遗存、清内府历年刊刻、臣工进呈的书版，除少数糟朽不能应用及不再印刷的书版铲平重刻外，按其内容不同，分贮于武英殿、国子监、各部府及寺院，以备奉旨重新刷印。总结了历代藏书及书版的保管经验，也吸取了历代典籍散佚的教训，制定了一整套内府藏书及书版管理保护体系，对大批古书版的保护起到了重要作用。

1925年故宫博物院成立，部分书版如清内府寄贮国子监的书版与国子监刊刻的大量书版因成立古物馆搬到端门朝房等处，清内府所藏书版储存在午门东西朝房及太和门东库房内，后归国立北京历史博物馆保管。1950年，历史博物馆为筹建“中国通史陈列”，7月7日经文化部文物局批准，19万块书版回归故宫，搬入东南、东北、西北角楼，东华门城楼等处存贮，未见细目。其中混杂有一部分民国徐世昌所刻书版。由于历史原因，这几处书版长年封闭存放，达半个多世纪之久，每年由图书馆检查几次，从未整理清点，只作为资产简单登记，账目著录不详，以至于书版的数量、种类等都不甚清楚。

此外，故宫博物院成立后，故宫出版了大批法帖、字画和文物图册，一部分为铜版刷印，这些铜版现藏于故宫博物院图书馆。还有4块清末民国年印刷用的石版，散落在古书画部等院内，也将其收到书版库保存。通过近年的整理编目，现已查明现藏各类书版244153块，其中经版、书版206257块，资料版31897块，铜版5995块，石版4块。

故宫博物院藏

（撰文：王秋菊）

四书近指二十卷

清孙奇逢撰，清康熙元年（1662）刻版。木板，凸版。版片高19.1厘米，宽25.2厘米，厚1.2厘米。版框高17.6厘米，宽24.7厘米。四周单边，半叶9行，行20字。存160片。

孙奇逢（1584—1675）字启泰，号钟元，人称夏峰先生，保定容城（今属河北）人。在明清两代，他多次被朝廷征聘却不出，故人称孙徵君。万历二十八年（1600）中举后科第不顺，后绝意仕进，专事理学，以教授为业。初尚侠义，清兵南下保定时，孙氏曾集合士民死守容城，后拥兵五峰山困守。顺治三年（1646），清人于京畿圈地，奇逢携家迁徙，辗转至辉县（今属河南）夏峰村定居著述讲学，康熙十四年（1675）卒于夏峰，年九十有二。黄宗羲称："北方之学者，大概出于其门"（《明儒学案》卷五十七）。道光十八年（1838）孙氏从祀孔庙，道光皇帝御批"孙奇逢学正淳笃，力行孝弟，其讲学著书，以慎独存诚，阐明道德，实足扶持名教，不愧先儒，着从祀文庙西庑，以崇学术而阐幽光"。著有《四书近指》《理学宗传》《岁寒集》《中州人物考》等。孙氏后人辑有《夏峰先生集》十四卷。

是书乃研究孙奇逢思想的重要著作，为孙氏晚年于夏峰村教授弟子之作，旨在阐明其治《四书》心得，故《凡例》称是书"只凭管窥，不泥成说；总求不谬于孔曾思孟，斯已矣。先儒争意见，辩异同者，概置弗论。是编统括《四书》大旨，原非为逐章逐句作解。"次又引各家解说以证，尤能融摄诸说，而不拘一家之言。故四库馆臣称"是编于四子之书挈其要领，统论大指，间引先儒之说以证异同……奇逢之学，兼采朱、陆，而大本主于穷则励行，出则经世，故其说如此。虽不一一皆合于经义，而读其书者知反身以求实行实用，于学者亦不为无益也。"（《四库全书总目》卷三十六）

此版为康熙元年（1662）河南提学孔允樾刻于河南大梁者，即孙氏书成之后第一个雕版。此板刊行后，孙氏有修订，同治年间夏峰先生后裔刊刻成书，即《晚年批定四书近指》。此版可见其著述早期面貌，弥足珍贵。

河南省辉县市博物馆藏

【参考文献】

孙奇逢著《夏峰先生集》，中华书局，2004年。

黄宗羲著《明儒学案》，中华书局，2008年。

纪昀等著《钦定四库全书总目》，中华书局，1997年。

张显清编《孙奇逢集》，中州古籍出版社，2003年。

（撰文：向辉）

晚年批定四书近指十七卷

清孙奇逢撰，清同治三年（1864）孙世玟刻版。木板，凸版。版片高19厘米，宽26.5厘米，厚1.7厘米。版框高18厘米，宽25厘米。四周双边，半叶9行，行20字。双面雕刻，存55片。

孙奇逢刊刻《四书近指》一书后，颇感"《近指》一编，绝无心得"，自谦其书"一以消闲岁月，一以报答穹苍。此老腐儒山居功课也"（《日谱》卷十八《寄苏泽公时转江西按察使》）。故版刻印行后又多有批注，"辄亲笔于其巅。是编《论语·颜渊篇》有八十九岁题志，盖皆其晚年语也"（同治三年甲子（1864）季秋孙世玟《纪事》）。不过当时并未刊刻，仅以稿本存世。其稿后为河南龚县冯某收藏，咸丰八年戊午（1858）孙氏后裔孙世玟受赠并版刻印行。

此版刊刻者为孙奇逢后裔孙世玟（生平事迹不详），距孙氏且近百九十年，孙氏文脉得以薪火相传，赖后世保存其稿，又得后裔尽力刊行，实为不易。此版卷端首叶题"四书近指卷之一"，著者项题"容城孙奇逢晚年批定"。校刊者姓氏剜去。版心上题"四书近指"，中为"晚年批定卷某"。版刻字体与《四书近指》一致，且行款格式大体相同。

河南省辉县市博物馆藏

【参考文献】

孙奇逢著《夏峰先生集》，中华书局，2004年。

张显清编《孙奇逢集》，中州古籍出版社，2003年。

（撰文：向辉）

史记一百三十卷

汉司马迁撰，南朝宋裴骃集解，民国八年（1919）吴兴刘氏嘉业堂刻版。木板，凸版。版片高22.5厘米，宽37.6厘米，厚1.5厘米。版框高22厘米，宽37.5厘米。半叶9行，行16字，上下黑口，双对黑鱼尾，左右双边。存1300片。

刘承幹（1881—1963）字翰怡，号贞一，吴兴（今浙江湖州）南浔镇人，著名藏书、刻书家。清光绪三十一年（1905）秀才，候补内务府卿衔。其家世营丝业，为南浔首富。性喜藏书、编书，人称“书痴”。入民国后，寓居上海，开设“求恕斋”，大量收购民间书籍。民国九年（1920），于浙江南浔刘氏家庙侧“购地二十亩，斥金十二万”构筑藏书楼，四年后落成，因民国三年（1914）曾捐献巨款助清皇陵植树，溥仪赐以“钦若嘉业”九龙金匾，故将所筑藏书楼命名为嘉业藏书楼。刘承幹因资力雄赡，先后收购宁波卢氏抱经堂、贵州独山莫氏影山草堂、仁和朱氏结一庐、丰顺丁氏持静斋、太仓缪氏东仓书库等旧家藏书，并逐年增补，先后耗银30万两，聚书达60万卷近20万册，包括宋元本200余种、明本2万种、方志1200余种、清人集部5000种、丛书1000种、抄校手稿约2000种，其中多缪荃孙、莫友芝、郭嵩焘、袁克文等旧藏，尤以宋椠“前四史”及明《永乐大典》88卷最为珍贵。

刘承幹在得获宋椠“前四史”，即蜀大字本《史记》、白鹭书院本《汉书》、一经堂本《后汉书》、大字监本《三国志》之后，特辟“宋四史斋”珍藏，视为镇库之宝，并倾其财力影刻之，以广流传。为此，刘氏特聘版本目录学大家叶昌炽主持校勘，延请擅长临摹字体的饶星舫写样，由仿宋字刻书圣手黄冈陶子麟亲自操刀，并购求名贵红梨木为版片，从民国三年（1914）直至十七年（1928），历经十四寒暑方大功告成。以是之故，嘉业堂影宋刻本“前四史”，校勘之谨严，刊刻之精美，装帧之典雅，均堪称民国木刻善本之翘楚。新中国成立后，刘承幹将藏书楼并藏书、书版连同各项设备等捐献浙江图书馆，影宋“前四史”版片亦在捐献之列。

此本所据底本应为宋绍兴中淮南路刊本，中有刘承幹配补蜀刻大字本九卷，而绍兴中淮南路刊本乃据蜀刻大字本翻刻而成，蜀刻大字本已无全帙。

浙江图书馆藏

【参考文献】

郑宗男，《嘉业藏书楼现存板片概述》，《上海高校图书情报工作研究》，2011年第3期。

陈谊，《嘉业堂刻书研究》，复旦大学博士学位论文，2009年。

（撰文：赵文友）

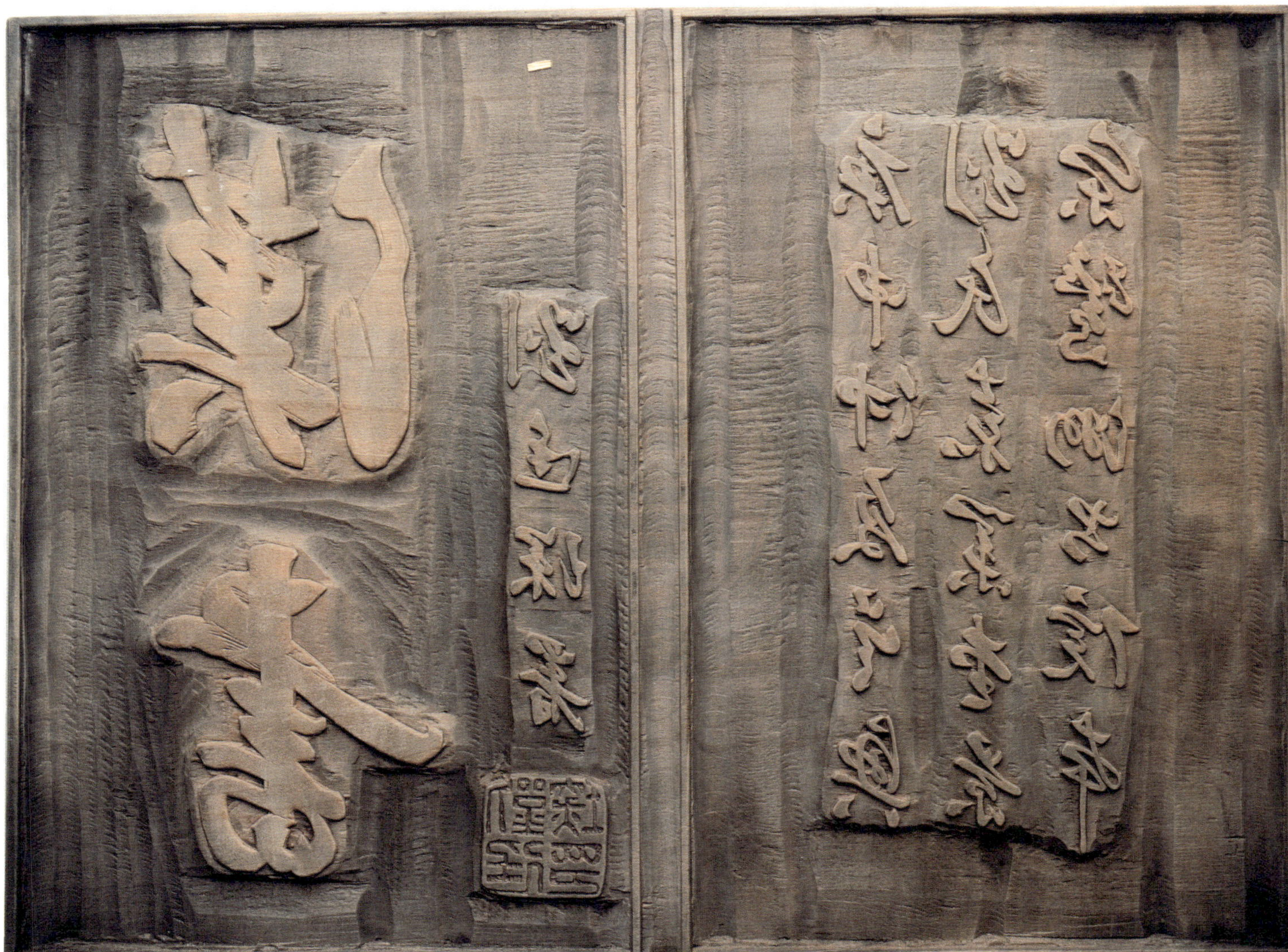

汉书一百二十卷

汉班固撰，唐颜师古注，民国九年（1920）吴兴刘氏嘉业堂刻版。木板，凸版。版片高21厘米，宽28.6厘米，厚1.5厘米。版框高21厘米，宽28.5厘米。半叶8行，行16字，小字双行，行21字，上下黑口，双对黑鱼尾，四周双边。存2107片。

刘氏嘉业堂影刻《汉书》底本一说为元初刻本，卷七十八至八十一配明影宋刻本，该底本现藏国家图书馆。

浙江图书馆藏

（撰文：赵文友）

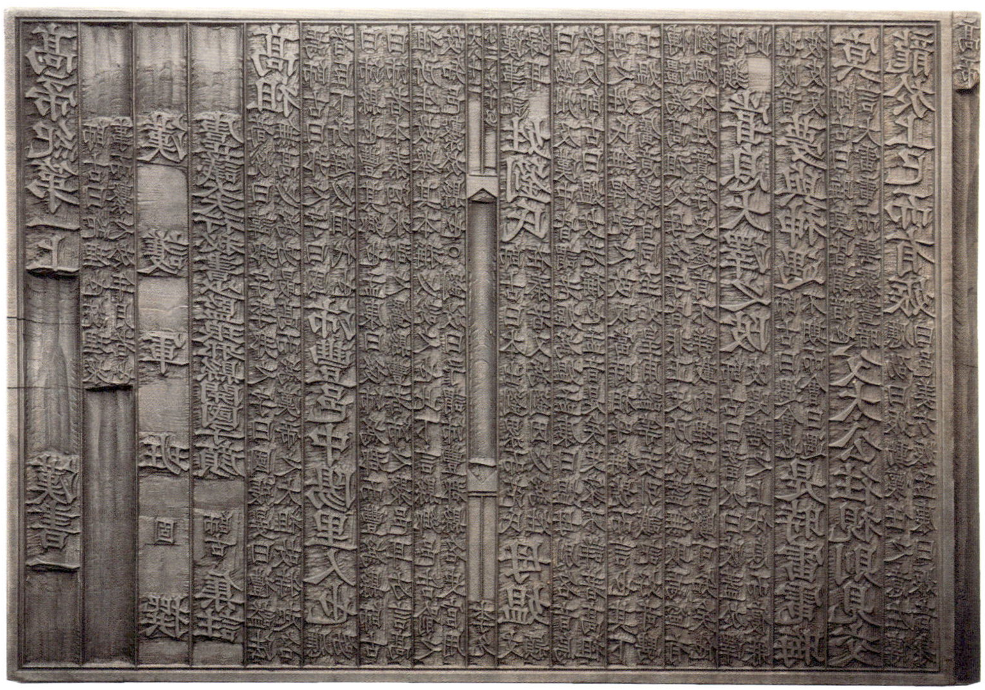

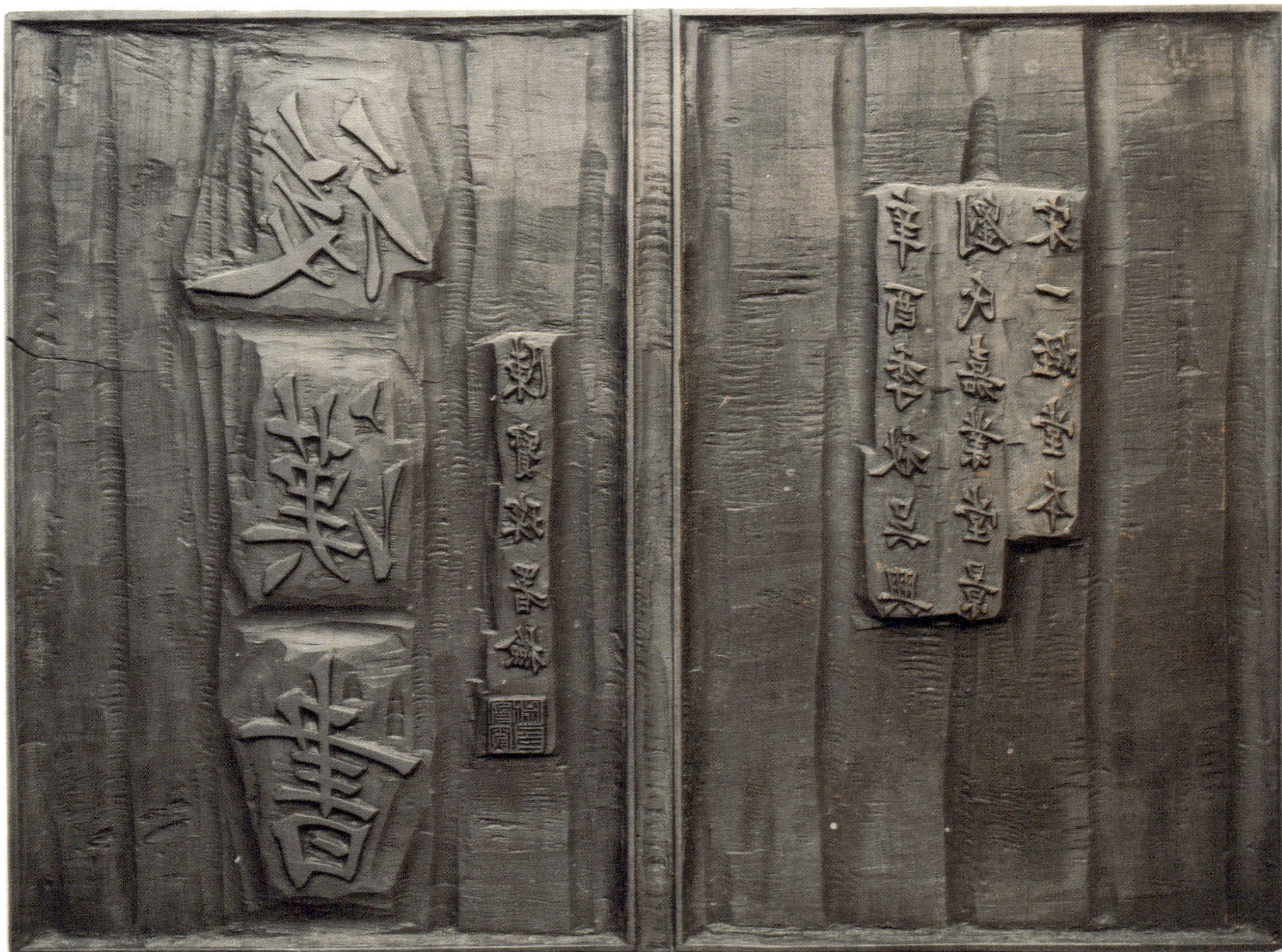

后汉书一百二十卷

刘宋范晔撰，唐李贤注，民国十年（1921）吴兴刘氏嘉业堂刻版。木板，凸版。版片高22厘米，宽28.6厘米，厚1.5厘米。版框高22厘米，宽28.5厘米。半叶8行，行16字，小字双行，行21字，上下黑口，双对黑鱼尾，四周双边。存1831片。

浙江图书馆藏

（撰文：赵文友）

三国志六十五卷

晋陈寿撰，南朝宋裴松之注，民国十七年（1928）吴兴刘氏嘉业堂刻版。木板，凸版。版片高22.7厘米，宽31.5—33.5厘米，厚1.5—2.5厘米。版框高22.7厘米，宽31.4厘米。半叶10行，行22字，小字双行同，上下黑口，三黑鱼尾，四周双边。存688片。

刘氏嘉业堂影刻《三国志》底本现藏台湾，王文进《文禄堂访书记》及傅增湘认为该底本实为“元大德九路本”，仅《吴志》卷十二至十五为宋衢州刻本。“元大德九路本”于清代已难见全帙，嘉业堂影刻《三国志》据所藏元刻影刊，版式划一，有校勘记，并罗列诸本文字异同，于《三国志》流传有功。

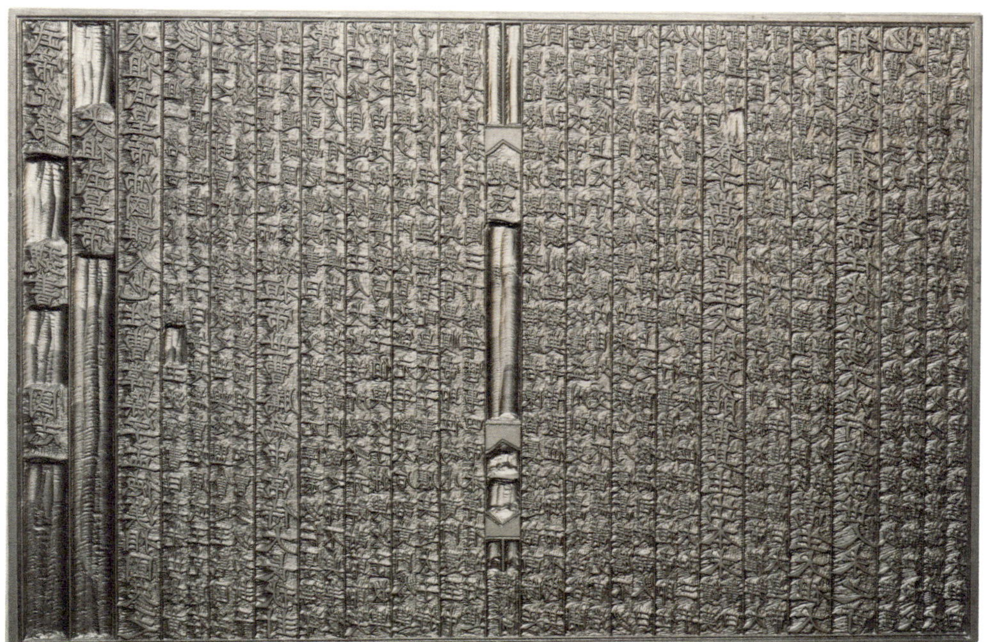

浙江图书馆藏

（撰文：赵文友）

钦定元王恽承华事略补图

元王恽撰，清徐郙等补。清光绪二十二年（1896）内府刻版。木板，凸版。版片高23.6厘米，宽34.5厘米，厚2.8厘米。存34片。

王恽（1227—1304）字仲谋，号秋涧，卫州路汲县（今河南卫辉市）人。元朝著名学者、诗人、政治家。一生仕宦，刚直不阿，清贫守职，好学善文。成为元世祖忽必烈、裕宗皇太子真金和成宗皇帝铁木真三代的谏臣。

徐郙（1838—1907）字寿蘅，号颂阁，江苏嘉定人。清同治元年（1862）壬戌科状元，授修撰，曾官兵部尚书、左都御史、协办大学士、礼部尚书，工诗，善书画。

王恽任职从政期间将历代明君勤于政务、定国安邦的经验和事迹系统地整理成章，于元至元十年（1273）进呈给太子，意在劝勉太子效法古人，以成明君。到了清代，光绪帝敕命徐郙、李文田等对王恽之作逐段释义、加以图说，据此成文三十九段并补第四十段为跋，总四十图。

此版卷首依次为徐郙、李文田进表，钦定承华事略补图提要，王恽撰承华事略原序。书尾版框下印有“头品顶戴湖广总督张之洞恭校印”字样者为石印本。图首及书耳内以小字注明某代某人某事。版画仿顾恺之仕女画及汉代画像石，用小字在方格内注明主要人物。清嘉庆、道光间，西方石印法传入中国，石印版画大兴，木版画渐衰。此本在绘镌上刻意模仿石版画风格，在宫廷版画中可称别具一格的作品，也是清代宫廷木刻版画精品。宫廷版画自清嘉庆后梓行虽不少，但已是乏善可陈。此书镌刻线条流畅细致，用线细润，刀法顿挫疾迟无不得心应手，即便与清前期所刊版画相较亦不遑多让。至光绪三十一年（1905），总理各国事务衙门印行《钦定书经图说》即已采用石印法了。因此，《钦定元王恽承华事略补图》是清代宫廷木刻版画的最后一部作品，代表着清晚期版画艺术的极高水平，并带有当时已传入中国的西方石印技术风格。

故宫博物院藏

（撰文：王秋菊）

摄政王令旨

清顺治元年（1644）刻版。木板，凸版。版片高26.7厘米，宽44厘米，厚3厘米。今存2片。

顺治元年五月二十四日，多尔衮下令诸王及大臣不得贪图一时之利，徇私枉法，要为进取中原各尽其职。

该版印刷品藏于台湾历史语言研究所。

故宫博物院藏

（撰文：王秋菊）

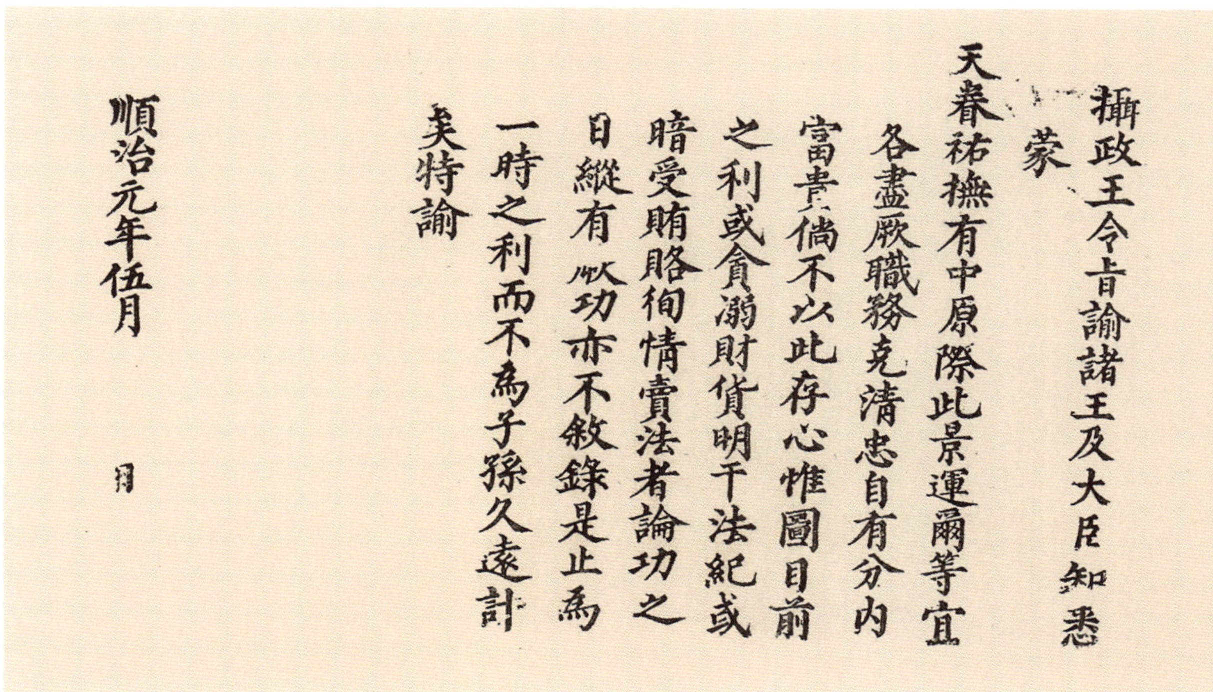
攝政王令旨諭諸王及大臣知悉
蒙
天眷祐撫有中原際此景運爾等宜
各盡厥職務克清忠自有分內
富貴倘不以此存心惟圖目前
之利或貪溺財貨明干法紀或
暗受賄賂徇情賣法者論功之
日縱有厥功亦不敘錄是止為
一時之利而不為子孫久遠計
矣特諭
順治元年伍月　日

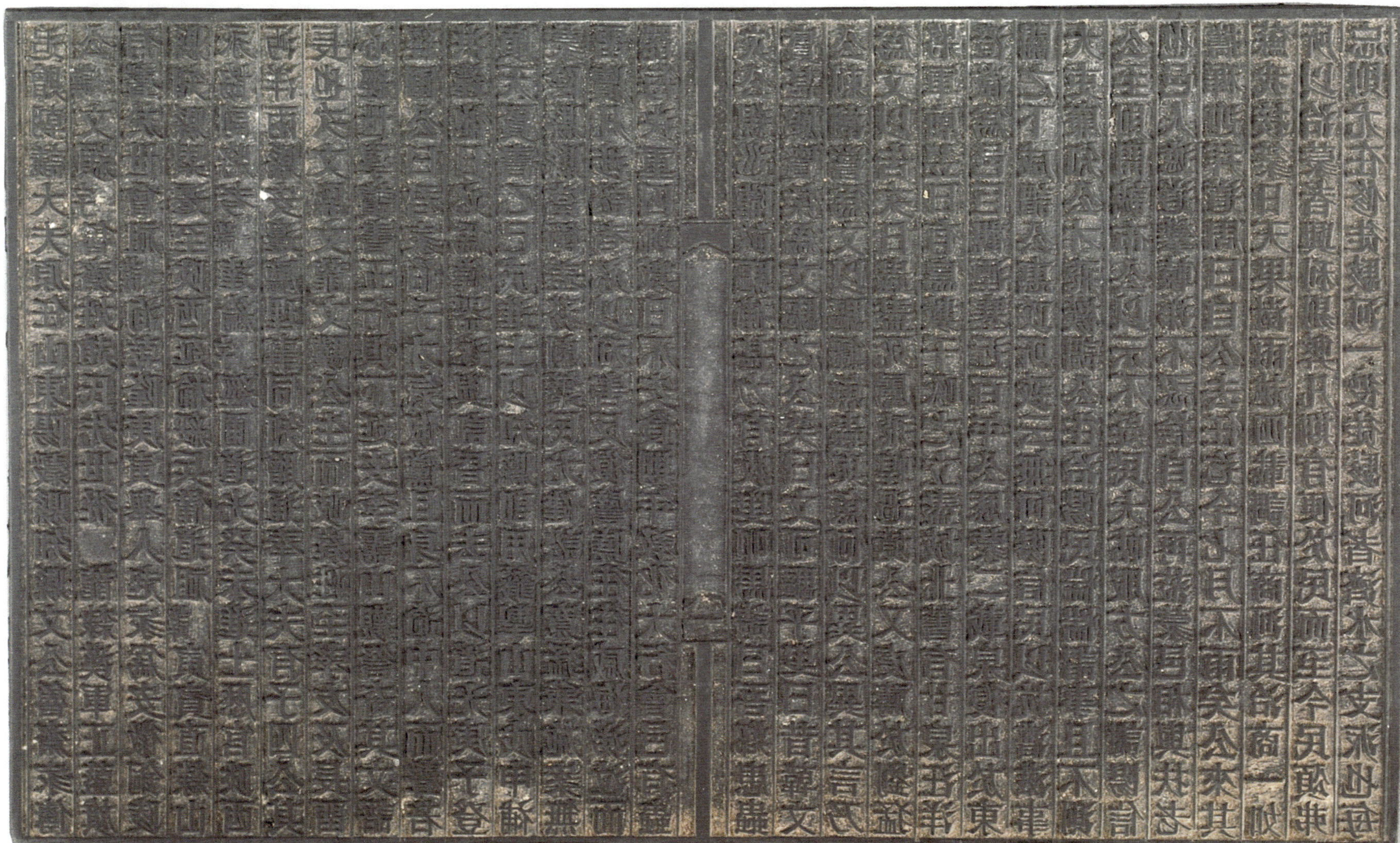

阳谷殉难事实

清赵文龙辑，清光绪三十四年（1908）赵尔丰刻版。木板，凸版。版片高24.2厘米，宽15.0厘米，厚1.5厘米。版框高23.4厘米，宽14.5厘米。左右双边，单鱼尾，粗黑口，半叶14行，行21字。单、双面雕刻，存24片。

赵文龙生卒年不详，汉军正蓝旗人，为赵文颖之弟。

该书详细记载了咸丰四年（1854）春，太平天国北伐援军进入山东，攻克阳谷，杀知县赵文颖之事实，并录其父赵达纶日记数则，及阎敬铭所写家传，叙事颇详，述及太平军服装及官制。赵文颖（1814—1854）字鲁斋，汉军正蓝旗人。道光二十五年（1845）进士，历任山东蒙阴、阳信、商河、阳谷等地知县。赵文颖遇难后，其父赵达纶、弟赵文龙等家中人搜集有关此事的资料，编成此书，具有较高史料价值，可供研究太平军北伐史事参考。本书题名《阳谷殉难事实》据书名书签题，原题名为《追赠朝议大夫诰封光禄大夫建威将军文公鲁斋阳谷殉难事实》，后改为《文颖阳谷殉难事实》或《文鲁斋阳谷殉难事实》。

此版为光绪三十四年（1908）赵文颖四子赵尔丰梓成于襄平赵氏祠堂。在此之前，该书曾刊印过两次，一次在咸同间，另一次是赵文颖次子赵尔巽刊印于光绪十九年（1893）。光绪三十四年（1908）所刻版片，今存24片，仍可印刷。

泰安市博物馆藏

【参考文献】

郭毅生、史式主编《太平天国大辞典》，中国社会科学出版社，1995年。

车吉心、梁自絜、任孚先主编《齐鲁文化大辞典》，山东教育出版社，1989年。

（撰文：孙婠）

船山师友记十七卷

清罗正钧纂，清光绪三十三年（1907）刻版。木板，凸版。版片高19.4厘米，宽27.5厘米，厚2.0厘米。版框高19.2厘米，宽13.5厘米。四周单边，半叶10行，行24字。存135片。

罗正钧（1855—1919）字顺循，晚号劬庵，湖南湘潭人。同治十年（1871）进士，光绪十一年（1885）举人，历官抚宁、定兴、清苑知县。因镇压义和团有功，擢天津知府、保定知府，后以道员署山东提学使，任内修建济南图书馆。曾赴日本考察学务，开创湖南新式学校教育。辛亥革命前致仕还乡。著有《船山师友记》《左文襄公年谱》《辛亥殉节录》等。

船山先生即明末清初思想家王夫之（1619—1692），字而农，号薑斋，又号夕堂，衡阳（今属湖南）人。崇祯时举人，清兵入湖广时，曾在衡山起兵反抗；晚年隐居石船山，自署船山病叟、南岳遗民，学者称之“船山先生”。与顾炎武、黄宗羲并称明清之际三大思想家。著有《周易外传》《尚书引义》《永历实录》等书。

是书搜采王夫之亲友、师长、交游共157人，编次考订，凡17卷。书前有光绪十四年（1888）陈三立叙，卷首列王夫之父王朝聘、兄王介之等事迹。书中将王夫之一生交游之知名人士逐一立传，列其事迹。

此版为光绪三十三年刊刻，书前有牌记“光绪丁未年刻会稽吴汝楫校”。原版136片，现存135片（断裂一块，仍可刷印），为研究王夫之生平及思想之重要史料。

保定市图书馆藏

【参考文献】

周骏富编《清代传记丛刊》之《船山师友记》，台湾明文书局，1985年。

（撰文：廖甜添）

孙徵君日谱录存三十六卷

清孙奇逢撰，清光绪十一年（1885）刻光绪十九年（1893）递修版。木板，凸版。版片高19.3厘米，宽26.8厘米，厚1.4厘米。版框高17.3厘米，宽27.1厘米。四周双边，半叶10行，行21字。双面雕刻，存851片。

《孙徵君日谱录存》又称《日谱录存》或《日谱》，乃孙奇逢日记存留。孙氏笔耕不辍，日有记录，此本为孙氏自顺治六年（1649）66岁南迁，至康熙十四年（1675）92岁凡26年间每日所记。书中所记有见闻，有所思，有记事，有书信，有读书心得，谱以年代编次，极为细密，具有重要史料价值，其中有关理学者颇为学界所重。因时代久远，日谱原稿多有缺损，诸如顺治九年至十一年、康熙九年至十年片纸无存，其他如康熙十四年亦有阙者。

版刻首叶题：“武陟王少白先生校订《日谱》、兼山堂藏板。”卷一卷端题：“孙徵君日谱录存卷之一”，校勘者题：“后学永年武汝清、武陟王辂校订，九世孙孙世玟、十世孙人桂监刊。”孙奇逢日记原稿及抄本为孙氏子孙与门人所藏，或藏于孙氏兼山堂或藏于家，均未付梓。迨至同治甲戌（1874）广平武酌堂与孙奇逢后裔九世孙孙士佩倡议刊刻，光绪十一年（1885）孙氏后裔孙世玟监刊之，是为兼山堂藏板者。所存版片有目录、序跋、助资姓氏、补刊日谱序及正文，共851片。其中有重出者若干，或为补刊者。几经岁月流转，多有残损，但字迹多较为清晰。

河南省辉县市博物馆藏

【参考文献】

孙奇逢著《夏峰先生集》，中华书局，2004年。

张显清编《孙奇逢集》，中州古籍出版社，2003年。

（撰文：向辉）

族谱印刷物件

清刻版。木板，凸版。存113片。

家谱又称家乘、家牒、族谱、族志、宗谱、支谱、世谱、世系、世系录等。它是一种较为特殊的历史文献，就其内容而言，是具有平民特色的文献，记载了同宗共祖血缘集团的世系人物和事迹。

徽州号称“文献之邦”，徽州家谱是徽州文献中的瑰宝，一向以数量大、价值高闻名于世。现存徽州族谱约有2000余种，善本众多，绝大多数是明、清、民国时期所纂修。谱中诸如族规、家训、祠堂、墓葬、辈行、传记、诗文等大量史料的留存，反映出宗族的源流、繁衍、迁徙，是见证徽州社会变迁历程的主要文字史料。

家谱中版画的数量巨大，家谱版画是为务实的需要：反映村居位置、祠堂形制、祖宗相貌、祖墓位置等。其内容也是相当固定的，主要内容有：村居图、墓图、祖先像、祠图、书院图、设位陈器图，祭仪图、司樽所图、焚点斟饤图等。还有一些家谱中将内书名页绘上一些花纹图形，或在领谱字号的四周绘上装饰图形。也有将历代所接受的册封诏书的外围刻上云龙图纹等。家谱中的版画也是有人物、山水及装饰图形的。构图有其固定的模式，同一类版画在画面的构图形式上数百年间几乎一成不变，固守坚执。家谱中的祖先像也有极大的统一性，类似于今日的半身标准相，个别为坐姿全身相。衣冠则务必反映其官爵及身份。如持笏为常见，乌纱帽为常见，布衣祖先亦以布巾冠出现。表情多严肃端庄，或温和平静。

安徽省源泉徽文化民俗博物馆藏

（撰文：钱律进）

［同治］祁门县志三十六卷首一卷

清周溶修，汪韵珊纂，清同治十二年（1873）刻版。木板，凸版。版片高19.8厘米，宽28.5厘米，厚1.7厘米。版框高19.8厘米，宽28.4厘米。半叶10行，行22字，白口，左右双边。存372片。

周溶字春浦，江西南丰人。世袭云骑尉，监生。清同治八年（1869）任祁门知县。汪韵珊，海阳（今广东潮安）人。

祁之置县，自唐大历元年（766）始。因其东北有祁山、西南有阊门，亦称祁阊。元至顺四年（1333），邑人汪元相编修《祁阊志》，祁有志自是始。而后，县志经明永乐、正德、万历，清康熙、道光凡六经多次修辑。至同治八年，署安徽巡抚吴坤修倡修《安徽通志》，檄各郡邑修志以备采择。周溶时任祁门知县，慨然以修辑邑志为己任，爰设局试院，集城乡方闻辍学之士治事。适汪韵珊主讲东山，共推秉笔。［道光］《祁门县志》修于道光七年（1827），此志接续前志而作，先订前志之讹，详前志之略，大纲、子目则一仍其旧，然后汇集道光七年至同治十一年（1872）以来44年之事，综名核实，分门别类，缀于前志之后，都为一书。此志约四十万字，正文分舆地志、水利志、食货志、学校志、武备志、职官志、选举志、人物志、艺文志、杂志十门，含建置沿革纪事表、星野、疆域、形势、山川、风俗等七十一目。杂志门下新增记兵一目，详载捻军在祁地之活动，史料价值较高。

此志成于同治十一年，次年即刊刻行世。此版即书成之后第一个雕版。

安徽博物院藏

【参考文献】

蒲霞著《〈永乐大典〉徽州方志研究》，安徽大学出版社，2013年。

（撰文：包菊香）

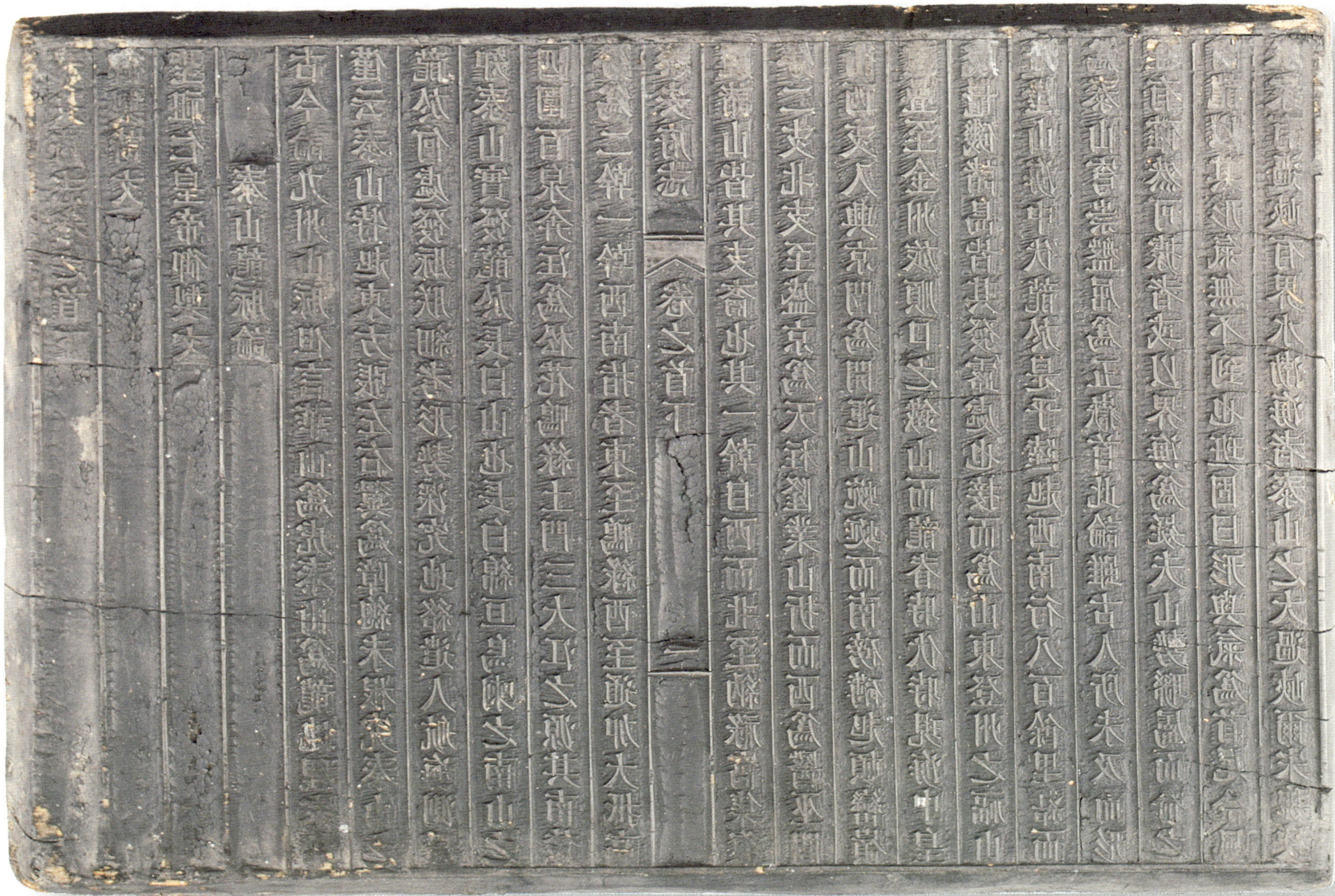

[乾隆]泰安府志三十卷

清颜希深等修，成城纂，清乾隆二十五年（1760）刻版。木板，凸版。版片高30.5厘米，宽20.5厘米，厚3厘米。版框高30厘米，宽19.8厘米。四周单边，单鱼尾，白口，半叶10行，行21字。存214片。双面雕刻。

颜希深（1729—1780）字若愚，号静山，又号浚溪，广东连平县人，贡生出身，历任泰安知府、济南知府、兵部侍郎、云南巡抚等。后卒于云南，归葬广东长宁，终年51岁。其生平事迹《清史稿·颜希深传》有载。此外，著有《静山奏议》及诗文集。成城字成山，浙江仁和人，康熙三十九年（1700）进士，候选知县，清雍正十三年（1735）升为泰安府制。

该志由颜希深主持纂修，候选知县成城，及东平知州和各县知县等21人参与编修，始修于乾隆二十四年（1759），同年修成次年梓行。这是首部泰安府志。当时府境包括泰安、平阴、东阿、肥城、新泰、莱芜六县及东平一州。《续修四库全书总目提要·史部》云："以泰安改府后仅二十四年，志乘阙如。且疆里之沿革，政治之得失，风俗之淳浇，社会之改易，皆当周知而切究。载之简册，使后来者有所循依，乃立局开馆，延府中绅儒，分负采访编辑之任。"是书卷前列沈廷芳、颜希深、陶杏秀各一序，又乾隆元年（1736）七月六日《改府奏议》、引用书目、例言、府图十二幅。卷首依次刊有列圣诏旨、国朝典礼、御制诗文、祭告祝文。卷一至卷三十分别为星野志、方域志、山水志、古迹志、封建志、建置志、祠祀志、田赋志、学校志、职官志（二卷）、选举志（二卷）、宦迹志（二卷）、人物志（四卷）、艺文志（八卷）、金石、祥异、辨误共计十七门，内辖六十六目，约八十万字。学者认为此志："规模甚备，盖创修地志本难，此志尤甚。因泰属诸邑，前皆隶于他郡，旧腆大半无征。邦之士大夫，或还仕异乡，或伏处山林，亦无从咨询。其他州县诸志率多谬证，不足为据，故其取材，除古籍及通志外，州县之志甚少。而是志虽属创修，体例甚备，其叙述简要，考据详博，实地志中之善本。"可以说此志门类齐备，体例严整，甄采广博。而又重艺文，自成八卷，可谓独具匠心。

此版于乾隆二十五年（1760）开雕，同年梓成。颜希深在凡例中提到："府志事属创始，旁征博取，颇费经营……借资泰安赵相国岱阳精舍得十之六七。"可见修志之不易。版片仅存214片，部分残损、断裂、漫漶，但仍可印刷。

泰安市博物馆藏

【参考文献】

赵尔巽等纂《清史稿》，中华书局，1977年。

金恩辉、胡述兆主编《中国地方志总目提要》，汉美图书有限公司，2002年。

中国科学院图书馆整理《续修四库全书总目提要》，齐鲁书社，1996年。

（撰文：孙婠）

[道光]泰安县志十二卷首一卷末一卷

清徐宗幹修，蒋大庆等纂，清道光八年（1828）刻同治六年（1867）修补版。木板，凸版。版片高29.2厘米，宽19.2厘米，高2.0厘米。版框高28.5厘米，宽18.5厘米。左右双边，单鱼尾，白口，半叶9行，行21字。存135片。

徐宗幹（1796—1866）字伯桢，又字树人，江苏通州人，嘉庆二十五年（1820）进士，曾任山东省泰安县知县、高唐州和济宁直隶州知州，曾修《泰安县志》《济宁直隶州志》《高唐州志》。蒋大庆字福安，泰安南上高人，曾任滨州儒学训导。

该志继乾隆四十七年（1782）志而修，始于道光七年（1827），次年修成梓行，同治六年据道光八年旧版修补而成。依据前志，仍成书十四卷，凡四十万言。首卷载杨惠元序，旧志序8篇，县图16幅。正编分天章纪、恩赉纪、盛典纪、沿革表、职官表、历代巡望考、方域考、山川考、建置考、田赋考、学校考、祠祀考、选举考、人物传、列女传、政绩录、金石录、艺文录等18类，内辖65小类，凡十二卷。末卷杂稽录，内有祥异、仙释、逸事、绪论、博物。是志体制完善，观其分类体例，乃规摹旧志，加以损益，资料详备。所新增者，凡天章纪、恩赉纪等，且职官表与政绩录相连，颇便互参，在古今地志中允称善本。

此为同治六年修补者，双面雕刻，有插图，部分版片残损、断裂，但仍可印刷。

泰安市博物馆藏

【参考文献】

中国科学院图书馆整理《续修四库全书总目提要》，齐鲁书社，1996年。

金恩辉、胡述兆主编《中国地方志总目提要》，汉美图书有限公司，2002年。

吕芸芳，《泰安历代地方史志介绍》，《山东矿业学院学报(社会科学版)》，1999年第2期。

（撰文：孙婠）

泰山道里记不分卷

清聂鈫撰，清刻版。木板，凸版。版片高30厘米，宽18厘米，厚2.5厘米。版框高28.7厘米，宽17.3厘米。左右双边，单鱼尾，小黑口，半叶11行，行21字。单、双面雕刻，存56片。

聂鈫（1715—？）字剑光，泰安（今山东省泰安市）人，布衣，早年曾任泰安府吏，不久离去，与士大夫交游，曾参纂［乾隆］《泰安县志》。聂鈫在《泰山道里记》自述：性嗜山水，又喜金石，遍历泰山、蒿里、云亭、徂徕、灵岩、琨瑞诸山，探索名胜古迹，搜求金石文字。虽穷谷悬崖，亦必亲临其境。刻字在山崖高处瞭望不清者，则竖梯刮磨，手抚目验，务求真面。风雨严寒，历经三十余载，不惮烦劳，复访诸村乡老，且参考群籍，写成《泰山道里记》。聂氏著有《明复先生小集》，并著有《泰山金石考》一书，已佚。

该书是流传最广、影响最大的一部介绍泰山名胜古迹、金石的重要著作。全书一册，约四万余字。它在内容编排上“以路为纲”，“以山之脉络为文之脉络”，“由近及远，由正路以及四隅，较若列眉”，记载了泰山、岱东、岱西、徂徕、灵岩、琨瑞等十二支脉。其记述翔实，考证谨严，立论不拘古人，时有创见。编次为序文、图、正文、跋文。附图有五：泰岳、北宫（岱顶）、红门、岱庙、北宫（灵岩寺）。钱大昕称其文“质而不俚，简而不漏，洵志乘之佳者”。

清乾隆三十七年（1772）聂鈫始刊刻《泰山道里记》（即聂氏杏雨山堂家刻本）。此外，其现存单独印刷的刻本有5种，分别是清道光六年（1826）泰安知县徐宗幹重校“泰安县署官刻重校本”；清同治五年（1866）泰安知县杨宝贤“雨山堂刊行补足本”；清光绪四年（1878）泰安知府增瑞补刊《泰山道里图》的“补足本”；清光绪二十三年（1897）雨花道院道人陈秀纪、季纪铭修补印刷本；民国后期岱庙道士尚士廉据增瑞补足本的重刻本。据相关专家考证除第一种为初刊本外，其他五种均系初刊本的修补本，都是在乾隆初刻版片的基础上进行修补、删改刷印而成。新中国成立以后，仍有大部分《泰山道里记》书版保存在岱庙雨花道院（现为泰安市博物馆），原版存57片，今存56片，有插图，仍可刷印。这些幸存的书版中不但有最初聂鈫杏雨山堂雕刻的版片，还有历次修补的版片。它们不仅是珍贵的泰山文物，更是研究《泰山道里记》版本演变的重要实物。

泰安市博物馆藏

【参考文献】

岱林等点校《泰山道里记》，山东友谊书社，1987年。

纪昀等著《钦定四库全书总目》，中华书局，1997年。

车锡伦，《关于〈泰山道里记〉的版本——〈泰山道里记〉研究之一》，《岱宗学刊》1999年第3期。

车锡伦，《〈泰山道里记〉的作者聂鈫——〈泰山道里记〉研究之二》，《岱宗学刊》2000年第2期。

（撰文：孙婠）

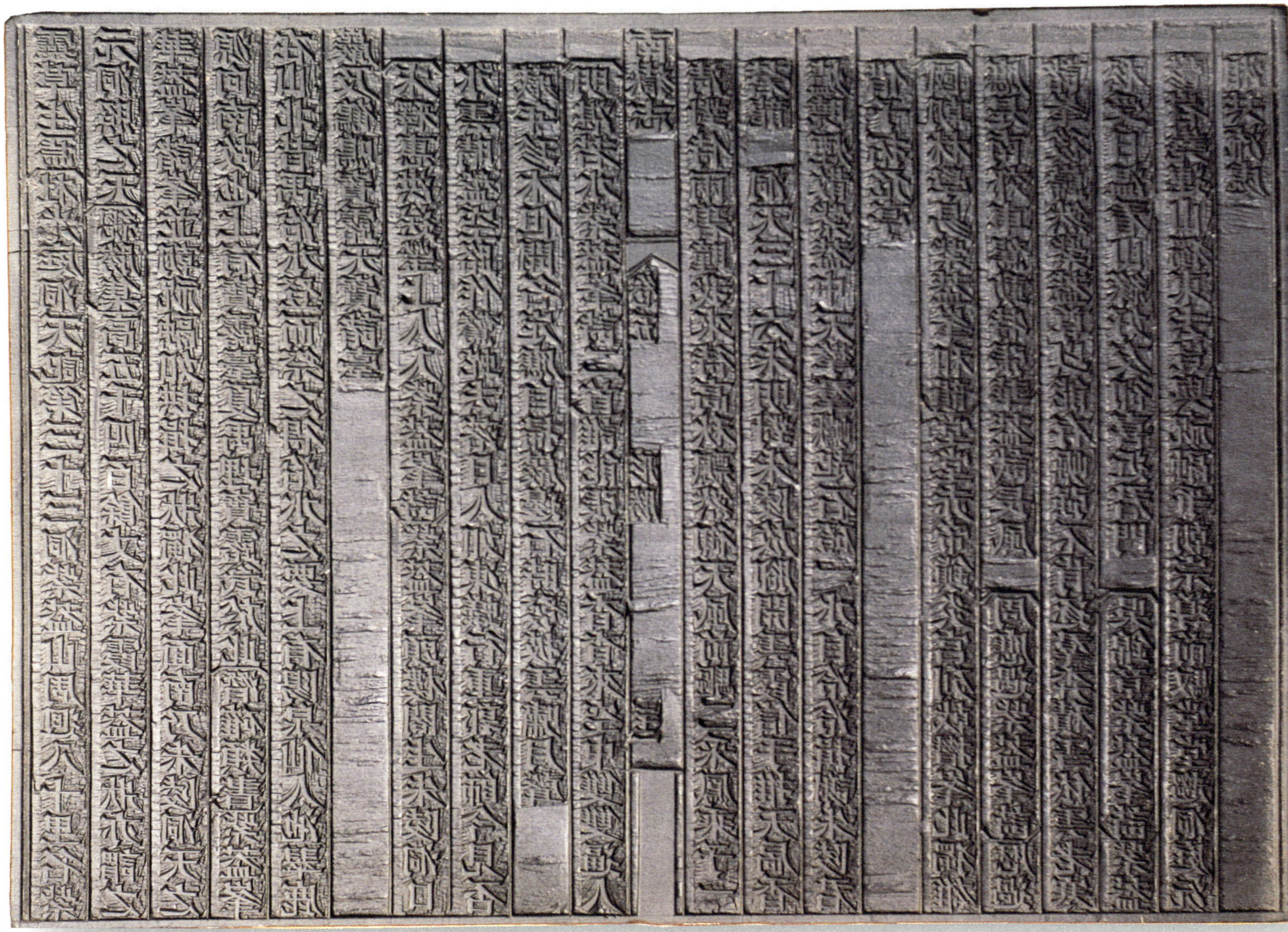

南岳志二十六卷增补二卷续增二卷

清李元度纂，李子荣增补，王香余续增。清光绪九年（1883）李元度南岳朱陵洞天精舍刻民国十二年（1923）衡山李子荣、王香余增刻。木板，凸版。版片高20.2厘米，宽28.3厘米，厚2厘米。版框高20.2厘米，宽28.3厘米。黑口，四周单边。半叶10行，行23字。存1254片。

李元度（1821—1887）字次青，一字笏庭，自号天岳山樵，晚号超然老人。平江（今属湖南）人。道光举人，曾任湖南黔阳教谕。咸丰年间入曾国藩幕，官至贵州布政使，光绪十三年（1887）病卒于任所。博学能文，致力于掌故地理之书，著有《天岳山馆文钞》《天岳山馆诗集》等二十余种；纂有《南岳志》［同治］《平江县志》。

李子荣字杜生，湖南衡山人；王香余，字兰轩，号简任，湖南衡山人。

此版《南岳志》始修于光绪八年（1882），翌年成书付梓，记事止于光绪九年（1883）。正文列星度、图说、形胜、祠庙、祀典、前献、仙释、书院、寺观、古迹、物产、金石、艺文、杂识等十四门。有刻书题记“光绪九年四月开雕，朱陵洞天精舍藏板”；首李元度序及“光绪九年重修南岳志序”；后列五岳山、岳庙图等八帧。全书目类依照王夫之《莲峰志》，版刻精美，内容丰富，考证详尽，对旧志之误予以纠正，刊行后备受时人赞誉。

《增补南岳志》二卷续于民国十二年（1923），是年成书付梓，记事止于当年，分为上、下两卷，乃民国年间增补续修山志典范。《续增南岳志》始修于民国十三年（1924），是年成书付梓，分为诗文两卷，收录历代南岳相关诗文。书首民国十三年王香余《续增南岳志序》曰：“盖弘治前无岳志，名为《衡山志》，《岳志》寓其中也。厥后彭大令簪，姚学政宏谋，朱大令衮，旷太史敏本，李方伯元度五次所修，似皆未见弘治志，可知此志久逸而不传，诚难得可贵矣。香余查有登者去之，未登者录之，无关者汰之，有遗者采之，辑成二卷，合为一本，以补前志之缺。”卷端题：“续增南岳志文集卷一，衡山李子荣、郑阜康鉴定，王香余补辑。”

辛亥革命后，湖南旧有官书局、图书编译局、长沙府学等公私所藏、所刻版片一并移交湖南官书报局，后全部归并至湖南图书馆。抗战时期日军轰炸，数万块版片遭焚毁。目前尚存各类版片4000余块，大都残缺不齐，唯有此版《南岳志》完整无缺。原藏南岳图书馆，1956年撤馆后移交湖南图书馆。此套版片原刻补版递刻有序，具有较高文物、文献价值。1983年北京中国书店曾借用重新刷印百部。

湖南图书馆藏

【参考文献】

马良春、李福田总主编《中国文学大辞典》，天津人民出版社，1991年。

（撰文：廖甜添）

幸鲁盛典四十卷

清孔毓圻纂，清康熙年间刻版。木板，凸版。版片高19.5厘米，宽28.5厘米，厚2.3厘米。版框高13.5厘米，宽19.4厘米。四周双边，半叶10行，行21字。存811片。

孔毓圻（1657—1723）字钟在，号兰堂。山东曲阜人。孔子第67代孙。康熙六年（1667）袭封衍圣公，九年（1670）授光禄大夫，十五年（1676）晋阶太子少师。工书，嗜兰。主持纂修《孔子世家谱》，辑《幸鲁盛典》，著有《兰堂集》。

是书记载康熙二十三年（1684）清圣祖玄烨亲到曲阜祭祀孔子、礼遇孔家之事及诗文。包括“事迹”二十卷，专记康熙来鲁游历的路线及祭孔盛典；“艺文”二十卷，记御制诗文及臣侍等人的诗文。

《四库全书总目》载：“国朝袭封衍圣公孔毓圻等撰进。先是，康熙二十三年，圣祖仁皇帝临幸阙里，亲祀孔庙，行九拜之礼，特命留曲柄伞于庙庭。复亲制碑文，遣官勒石于孔庙大成门左，周公、孟子诸庙，咸蒙制文刊石。并录圣贤后裔，给世官以奉祠祀。巨典齑皇，薄海忻舞。毓圻以圣天子尊师隆轨，超迈古今，宜勒为成书，垂示来叶。二十四年，疏请纂修，并举进士金居敬等八人司其事，得旨俞允。至二十七年，成书十八卷，奏进。蒙指示应改正者二十八条，及臣工诗文尚有应遴选录入者。谕毓圻等覆加校定，会诏发帑金，重建庙庭。御制奎章，摹镌乐石，尊崇之典，视昔弥加。毓圻等乃续事编摩，增辑完备。凡修成《事迹》二十卷，《艺文》二十卷，刊刻表进，即此本也。洪惟我圣祖仁皇帝统接羲、轩，心源洙、泗。褒崇圣教，典礼优隆，为亘古所未有，非区区管窥蠡测所可形容。然文物典章，毓圻等得诸见闻，颇能胪具。伏读是编，大圣人崇儒重道之至意，犹可仰见其万一。是固宜藏诸金匮，以昭示无极者矣。”

此版为清康熙年间刻版。卷前有康熙二十八年（1689）御制序。清康熙五十年（1711）《孔毓圻进表》有“孔子陆拾柒代孙太子少师袭封衍圣公臣孔毓圻恭承敕旨编刻《幸鲁盛典》，今已成书，奉表上进者……谨表随进以闻，奉旨‘览卿奏，《幸鲁盛典》编辑有年，兹刊刻告成，装潢来进’”云云。

曲阜文物管理委员会孔府文物档案馆藏

【参考文献】

纪昀等著《钦定四库全书总目》，中华书局，1997年。

张撝之、沈起炜、刘德重主编《中国历代人名大辞典》，上海古籍出版社，1999年。

（撰文：庄秀芬）

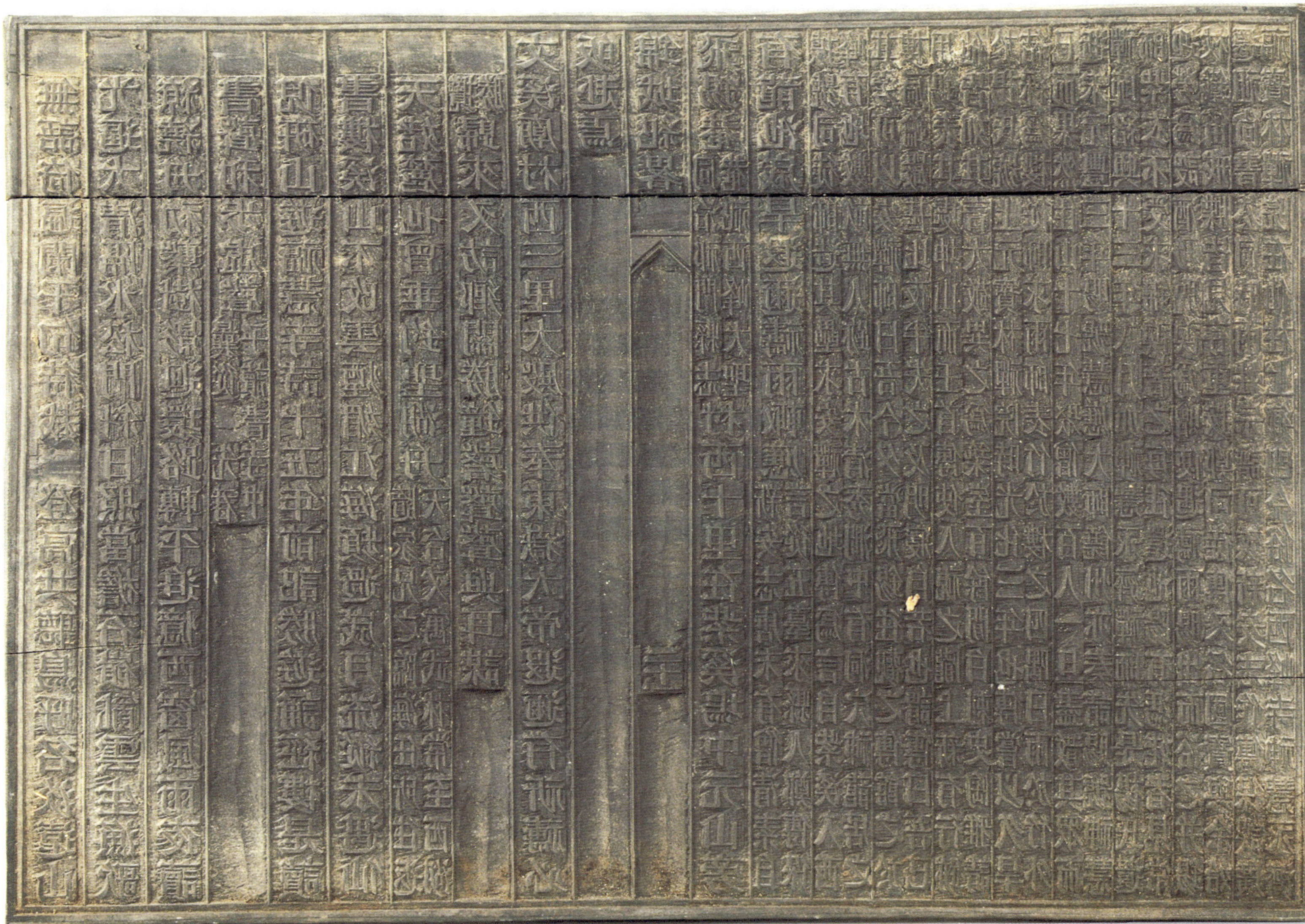

锦城纪略一卷诗存三卷

清倪望重辑，清光绪二十四年（1898）刻版。木板，凸版。版片高17.5厘米，宽24.7厘米，厚1.4厘米。版框高17.5厘米，宽24厘米。半叶10行，行21字，小字双行同，白口，四周双边。存39片。

倪望重（1834—1904）字仲荣，号愚山、渔珊、吉甫，祁门（今安徽省黄山市）人。倪伟人长子。邑廪生。清同治十三年（1874）进士，历浙江分水、淳安、诸暨、黄岩、临海知县。四次充任浙江乡试同考官。著有《诸暨谕民纪要》等，辑有《祁閶俗语考》《锦城纪略》《锦城诗存》等，与修《祁门倪氏族谱》，校刊《戊笈谈兵》《读读书录》《读困知录》等。事见清张邵华《行状》。

锦城，祁门倪氏所居渚口之别名。《锦城纪略》为渚口名胜古迹之简要记载，仅载重要名胜古迹，分山、水、井、塘、渡、堤、场、驿、坝、桥、书塾、楼阁、寺观、亭台十四类。题咏名胜古迹之诗，采同里先辈登临之作，益以时人之诗与望重少时所学，分而属之，以其时代先后为序，若在同时，唱和则以长幼为序。望重父倪伟人之诗，因《辍耕吟稿》早已刊行，此书仅择其咏及名胜古迹者录之。先辈称官、字或号，不称名；时人则统一称字。书中所采诗作不计工拙，诗为名胜古迹而存。《锦城纪略》后附《锦城纪略补遗》一卷，对山、水、井、塘、书塾五类进行增补。邑人诗作，除歌咏锦城名胜古迹者入《锦城纪略》外，其余则入《锦城诗存》，依时代先后排列。编辑二书时，望重客居杭州，无从备录邑人诗作，因此采录范围仅限于望重弟望隆所得及《祁诗合选》《祁门县志》所载。

此书卷前有光绪二十四年（1898）望重自序，盖即刻于其时。

安徽博物院藏

【参考文献】

中国科学院图书馆整理《续修四库全书总目提要（稿本）》，齐鲁书社，1996年。

倪国华著《聚落人文的典范——渚口》，合肥工业大学出版社，2005年。

（撰文：包菊香）

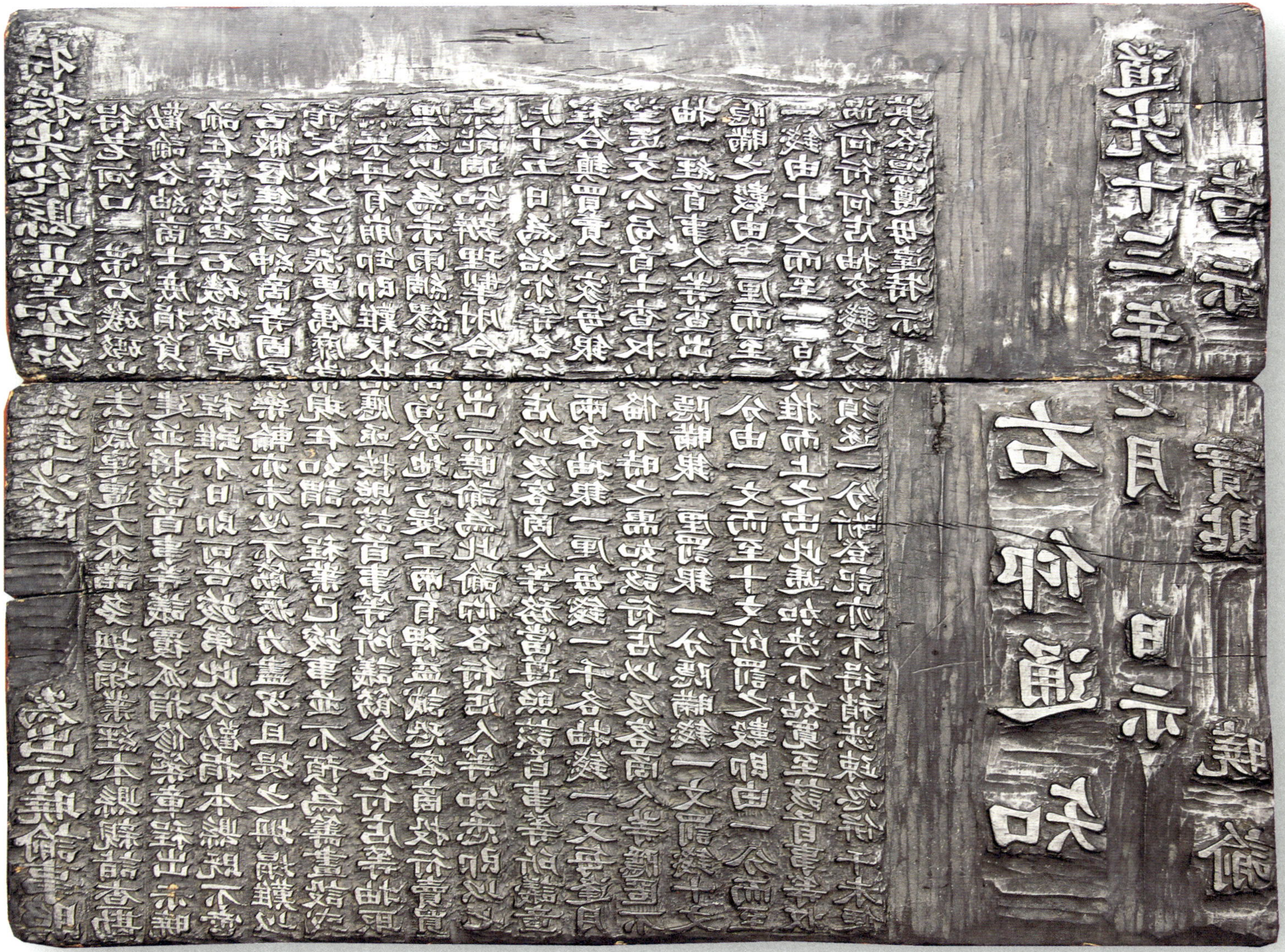

清道光十三年光化县衙告示

清陆炯撰，清道光十三年（1833）刻版。木板，凸版。版片高53厘米，宽67.6厘米，厚2.3厘米。

此告示由光化县衙发布。光化县位于今湖北省西北部老河口市，汉江中游东岸。古为酂阳县，相传为汉丞相萧何食邑。“光化”名称源于北宋，取“光大王化”之意。北宋乾德二年（964）于此地进驻光化军，设乾德县，熙宁五年（1072）废军，改乾德为光化县，隶属于襄州，此后废而复置。明洪武十年（1377）并入谷城县，十三年（1380）复置，隶属襄阳府。清初属湖广布政使司，康熙三年（1664）改属湖北布政使司，建制沿袭明制。光化县水陆兼备，货运便利，商业繁盛，乾隆时已“商贾辐辏，烟火万家，诚为富庶之区”，是鄂北重要商埠。道光十三年（1833）光化县知县陆炯，字照岩，号篴朴，一号驾三，平湖人，嘉庆二十五年（1820）进士，于道光十二年任知县。此告示当为陆炯谕令。

此版片内容是道光十三年光化县衙所发公告。光化县城“四外高而中央下”，且“东南多平畴，西北多崇阜，惟治东山之南，岗陵高而溪流浅，一日大雨，山水骤至，平地皆成汪洋”，“虽有河渠为之分流，但其发源甚众，而委泄甚微，且地势平衍，水道迂回，每至夏秋霖雨，山水骤至，泛溢平原旷野之间，经旬不泄”。

由于上一年，即道光十二年，“霪雨数月，汉水泛溢，禾苗尽伤。新镇街面盈水，土堡毁没逾半，石堤（即新镇堤）亦崩塌无完址”。道光十三年，又“雨尤甚，复大饥，饿殍遍路”。知县陆炯考虑到补堡与修堤二者不可兼得，衡其利弊，若不先筑堤岸，后修城堡，倘遇洪水，堤岸再有崩毁，则后果不堪设想。道光十二年十月，陆炯开始鸠工筑堤。在即将竣工之时，为预防日后堤防再垮，衙门发布公文，抽取行、商、店家厘金，并详细规定了抽取比例及上缴场所。道光十四年夏，“石矶驳岸完工”，“自竹排厂起，至临江门止，计长七百五十丈有奇，码头二十二处”，“抽提阖镇房租共费钱一万余缗”。

此版版面宽大。单面雕刻，保存良好。汉水中下游堤防修筑的资金来源有亩费、借拨官帑、基金生息、河工厘金以及官捐、民捐、商捐等多种形式。该板内容反映了光化县采取在全镇范围内强制性抽取房租的形式，保护堤岸安全，为研究清中期汉江流域水利堤防提供了重要的实物依据。本版是手写上版，所书文字，具有很高的历史价值、文物价值和艺术价值。

老河口市档案馆藏

【参考文献】

钟桐山、叶树南主修《光化县志》，清光绪十年（1884）刻本。

恩联等修，王万芳总纂《襄阳府志》，清光绪十一年（1885）刻本。

陈广文、胡子修《襄堤成案》，清光绪二十年（1894）竟陵阁邑木活字本。

（撰文：赵洪雅）

理学宗传二十六卷

清孙奇逢撰，清康熙六年（1667）刻版。木板，凸版。版片高22厘米，宽28.5厘米，厚2.8厘米。版框高18.8厘米，宽27.8厘米。四周单边，半叶9行，行20字。双面雕刻，存507片。

此书乃孙奇逢代表著作之一，曾三易其稿，经三十余年之功，考订诸儒，康熙五年（1666）定稿刊印。孙氏云："此是老夫饥食渴饮第一快事也"（《日谱》卷二十四）。其学识志趣及学力，均于此书得见也。孙氏称："《理学宗传》，序列从古名儒修德讲学之事，明道统也。"（《日谱》卷十二）是书专论近代以来之道统学统，故卷一至十一自周敦颐始，继之以二程（程颐、程颢）、张载（附载弟张戬）、邵雍、朱熹、陆九渊（附九渊兄陆九龄、陆九韶）、薛瑄、王阳明、罗钦顺、顾宪成等11人为理学之正宗；卷十二至二十五为其他儒者，分别为汉儒考（董仲舒、郑玄等5人）、隋儒考（王通等5人）、唐儒考（韩愈等3人）、宋儒考（杨时、刘绚、胡瑗等54人）、元儒考（刘因等18人）、明儒考（曹端、吴与弼等64人）等；卷二十六为补遗（张九成等6人），收录汉至明末学者170人，涵盖宋明理学兴起以来的重要儒者，且别具体系，故黄宗羲称"可谓别出手眼者矣"（《明儒学案》卷五十七）。书中先介绍儒者生平事迹，次录其语录、著述并多有孙氏批注评语，最后为评论，议论或取诸儒论著或以己意。是书因"八十年中躬行心得""素推节义""读圣贤之书，总借以触发我之性灵"，故专主儒者躬行践履和触发人心处，不以词章考据为事。孙氏对此书极为看重，其云："近年功课，料理《宗传》一书，共得百四十余人，有主有辅，人人有悦心自得之处。日夕玩味，觉无物可以胜此。思录一册，明岁携之北去，与诸同人共探此中义趣。"（《日谱》卷二十四）是书采取将学者传记、学术资料、按语和总评价熔于一炉的方式，开启新的学术史编纂体裁，对后世黄宗羲《明儒学案》、汤斌《洛学编》、熊赐履《学统》等书均有较大影响。

此版书名叶署"兼山堂编辑，夏峰藏板"；卷一卷端叶署"理学宗传卷之一，容城孙奇逢辑，门人魏一鳌、长男立雅仝编"，有张沐序、程启朱跋。孙氏批语均置于版框外。此书因文禁故，未入乾隆时所编《四库全书》。孙奇逢从祀孔庙后有再版者亦多有删改处。此版为康熙六年刻者，为是书之最早刊本，保留了书版的早期样貌，具有重要文物和学术价值。

河南省辉县市博物馆藏

【参考文献】

孙奇逢著《夏峰先生集》，中华书局，2004年。

黄宗羲著《明儒学案》，中华书局，2008年。

张显清编《孙奇逢集》，中州古籍出版社，2003年。

（撰文：向辉）

当归草堂医学丛书四十卷

清丁丙编，清光绪四年（1878）刻版。木板，凸版。版片高15厘米，宽22.5厘米，厚1.5厘米。版框高15.7厘米，宽11.8厘米。四周双边，半叶10行，行20字。单面雕刻，原版419片，存419片。

丁丙（1832—1899）字嘉鱼，别字松生，晚号松存。诸生。清钱塘（今浙江杭州）人，著名藏书家。室名“八千卷楼”“小八千卷楼”“嘉惠堂”“正修堂”“延庆堂”“当归草堂”“后八千卷楼”等。著有《善本书室藏书志》《北隅赘录》《八千卷楼书目》等。辑刊有《武林掌故丛编》《武林往哲遗著》《杭郡诗》等，太平天国时期，文澜阁《四库全书》于战乱中散佚，丁氏兄弟多方收集抄补，得书近万册，送入重建文澜阁珍藏。在此过程中，丁氏从近百种医籍中选入十余种，刊刻为《当归草堂医学丛书》。

是书由丁丙辑，丁丙、丁申共同校刊，共收录医书十种四十卷，后世称为《当归草堂医学丛书初编》。书中所载各书，多系宋元以前秘书奥册且少有传本者。丁氏鉴于世医“蔑古者惟事师心，泥古者不参通变”，遂检阅《四库全书》中传自《永乐大典》中的精要之籍，汇编而成。其初编刊于光绪四年，内载我国早期儿科专著《颅囟经》二卷，宋代以验、便、廉见长方书《传信适用方》四卷，宋代外科佳作《卫济宝书》二卷，宋代太医局编考医试题问答之作《太医局诸科释文》九卷，产科专书《产育保庆集方》二卷及稀见方书《产宝诸方》一卷、《济生方》八卷、《急救仙方》六卷、《瑞竹堂经验方》五卷，明代痎疾专著《痎疟论疏》一卷。光绪十年（1884），该书续刻本刊行，内容除载有初编十种外，增刻针灸专著《明堂灸经》八卷、《西方子铜人针灸经》七卷，附浙江官书局冯一梅《西方子明堂灸经校勘记》，言明：“钱塘竹舟、松生两丁君校刊四库著录各医书，以此书与七卷本《铜人经》并刻。”该《丛书》所载各书，虽多为辑佚本，但有方有论，涵盖多种医疗知识和治疗经验，为晚清代表性医学丛书。

此版有“光绪戊寅泉唐丁氏当归草堂刊行”牌记，为丁氏家刻本，乃此书初刻十种四十卷之原始雕版，椠刻精良，保存完好，可刷印。

浙江图书馆藏

【参考文献】

王瑞祥主编《中国古医籍书目提要（下）》，中医古籍出版社，2009年。

纪昀等著《钦定四库全书总目》，中华书局，1997年。

杨东方、周明鉴，《当归草堂医学丛书》与《四库全书·医家类》，《中医文献杂志》2013年第1期。

（撰文：杨照坤）

补注瘟疫论四卷

明吴有性撰，清洪天锡补注，清咸丰四年（1854）华氏刻版。木板，凸版。版片高28.5厘米，宽19厘米，厚1.5厘米。版框高19厘米，宽14.3厘米。四周单边，半叶10行，行21字。双面雕刻，存332片。

洪天锡，清雍正、乾隆间人，字吉人，别号尚友山人。贡生。清直隶天津州（今天津市）人，一说鸳湖（今浙江嘉兴）人。清代医家。少勤于学，亦工诗文，著有《晚翠堂遗稿》。后因其兄为庸医所误，乃精研医理，历数十年，活人甚多。于瘟疫一症尤加注意，认为瘟疫为祸最烈，治疗易误，遂博考慎择，萃毕生心力于一门，注释吴有性《温疫论》，撰成《补注瘟疫论》四卷。又著《素问解》《灵枢解》，诠释经义，多有见解，惜未能传世。

是书共四卷，明吴有性撰，清洪天锡补注，成书于清乾隆四十九年（1784）。《温疫论》为温病学专著，乃明清时期中医温病学说奠基之作。吴氏于该书创立“戾气”学说，对温病病因做出新的解释。《四库全书总目》谓之“瘟疫一证，始有绳墨之可守，亦可谓有功于世矣。”因时代局限，该书对温疫所病部位、传变规律及治疗方法的论述，尚欠详备，亦成为此后温病学研究的重要内容。洪氏《补注瘟疫论》，共四卷103篇，强调“治瘟疫不可不慎，毫厘一差，即谬千里”。较《温疫论》增设大头瘟、捻颈瘟、瓜瓤瘟、杨梅瘟、疙瘩瘟、绞肠瘟、软脚瘟、锁肚、旺河、棺材疔、喉管伤寒、黄耳伤寒、赤膈伤寒、青筋证、阴阳毒15篇。该书在当时颇具影响，华鼎元《津门征献诗》言此书“虽未采收四库，亦颇行于时”。除在《温疫论》基础上进行批注，洪氏还博引诸家，兼以己见，另附医案，其中关于“翻”“痧”的论述颇为精妙，不失为学习《温疫论》的参考之作，具有临床指导意义。

该书传世最早版本为乾隆四十九年洪氏晚翠堂刻本，即洪氏家刻本。咸丰四年津门华氏据洪氏晚翠堂本重新刻版付印，版心镌“晚翠堂”字样，为其重刻依据，后人定此版为咸丰四年晚翠堂刻本有失妥当。光绪二十九年（1903）此版由天津宝森堂重新刷印，1926年此版转归天津金钺并得再次修版重印。该套版片流传有序、刻版清晰、保存完整。

天津图书馆藏

【参考文献】

来新夏、郭凤岐主编《天津通志·旧志点校卷中》，南开大学出版社，2001年。

纪昀等著《钦定四库全书总目》，中华书局，1997年。

张苑，《〈补注瘟疫论〉对大头瘟的认识与治疗》，《天津中医药》2013年5月第5期。

（撰文：杨照坤）

清敕修大藏经

清雍正十三年（1735）至乾隆三年（1738）内府刻版。木板，凸版。每版25行，行17字，上下双边，两面雕刻。每函第一卷首为扉画“释迦说法图”和御制“龙牌”。共79036片。

佛教大藏经是佛教典籍的总集。《清敕修大藏经》又称《乾隆版大藏经》《乾隆大藏经》《清藏》《龙藏》，乃雍正十一年（1733）至乾隆三年间政府组织刊刻的佛教大藏经，是继《开宝藏》《辽藏》《赵城藏》《元官藏》《初刻南藏》《永乐南藏》《永乐北藏》之后最为重要的一次官版藏经木刻本。

《清藏》共收录佛典1675部，7240卷，以千字文编号，一字一函，每函10卷，由“天”到“机”，共 724 函。《清藏》以经、律、论三藏和杂藏分类，以千字文排序。其中经藏千字文号自“天”至“言”共 285 函，其中大乘经般若部（19部）、宝积部（37部）、大集部（26部）、华严部（26部）；五大部外重译经（415部）、小乘阿含部（539部）；律藏千字文号自“辞”至“受”共 53 函，其中大乘律（33部）、小乘律（51部）；论藏千字文号自“傅”至“通”，其中大乘论（93部）、小乘论（60部）；杂藏分“西土圣贤撰集”和“此土著述”。前有序文7篇，《大清三藏圣教目录》五卷。全书起雍正《御制序》，终《御录经海一滴》。

清雍正十一年，北京贤良寺设立“藏经馆”，由和硕庄亲王允禄、和硕和亲王弘昼总理藏经馆事务，设校阅官、监督、监造、总率、校阅等。乾隆年间曾三次撤毁部分经版。

乾隆四年（1739）刷印一百部，颁赐各地庙宇，而经版由内务府保管存于武英殿。后因为请印不便，经版移存柏林寺。民国初年，经版由内务部和柏林寺住持负责保管。民国九年（1920），经版归北平档案保管处和柏林寺共同保管。此后，经版移转至北平古物陈列所，由该所保管。1933年，国民政府内务部将《龙藏》经版拨给北平古物陈列所。1936年，林森等人发起在南京中山陵建藏经楼，安奉历朝大藏经，刷印《清藏》一部供奉，其他佛教人士及各大丛林纷起响应附印，共达22部。1954年，柏林寺拨归北京图书馆（今国家图书馆）使用，经版交由北京图书馆管理。1982年7月北京市文物局成立经版搬迁领导小组，将经版移入智化寺存放。

2009年经调查发现，经版存69410片，佚9626片，故北京市文物局启动《清藏》经版保护和重新刷印项目，委托北京邦普制版印刷有限公司承担。目前，《清藏》经版已存放至现代化文物库房，佚失或损坏经版已补齐并修复，并建立数字化档案。

首都博物馆藏

【参考文献】

李富华、何梅著《汉文佛教大藏经研究》，宗教文化出版社，2003年。

李际宁著《佛经版本》，江苏古籍出版社，2002年。

（撰文：向辉）

观世音菩萨三十二相

明程大约辑刻，明丁云鹏绘，明万历程大约刻版民国二十八年（1939）补刻。木板，凸版。版片高78厘米，宽24.5厘米，厚2厘米。版框高24.5厘米，宽25厘米。四周单边。存6片。

程大约（1543—？）字幼博，别字君房，号筱野，又号玄玄子、守玄居士、墨隐道人等，歙县（今属安徽）人。由太学官鸿胪寺序班。善制墨，造墨坊，名曰“还朴斋”，创超漆烟墨制法。辑《程氏墨苑》十二卷。

丁云鹏（1547—？），明代著名画家，字南羽，号圣华居士，休宁（今属安徽）人。善画人物、山水、佛像。山水师法宋元诸家。早年画作秀雅，后趋古朴，亦为书籍做插图，对徽州版画发展有一定作用。存世作品有《三教图》及《六祖像图》。

《观世音菩萨三十二相》又名《观世音菩萨三十二相大悲心忏》。是书乃据佛经故事绘成的图画，全书由三十二幅观音变相图画组成，生动描刻观音坐、卧、站诸多形态。所绘变相中有杨柳观音、龙头观音、持经观音、卧莲观音等，各图皆配题诗。“所绘极为传神，刀刻更是神乎其技，线刻细若秋毫之末，柔若春蚕吐丝，确非黄氏名工所不能。中国民间观音信仰极为普遍，在

中国佛教版画史中，观音变相一类作品极多，就绘镌之精丽奇绝而言，实以此本为最”（《中国古代佛教版画史综论》）。

此版原刻于万历年间，明天启二年（1622）方绍祚序云：“观世音菩萨三十二相大悲心忏……三十二相显现无方。”知原版三十二相，至天启保存完好，在后来的流传中丢失两相，直至民国二十八年（1939）收藏家许承尧发现，序云：“按此三十二相今仅存三十相……末一板二相并题跋已阙。上方绍祚题记别得于岩镇方雪江家。亦明刊印本，尺寸与相合。以此题记证知，此本为程幼博遗物。”故观音三十二相于民国年间得以合刻。今存6块，均为枣木板，其中5块为观音画像，双面刻，共三十图。另外1块为单面雕刻，刻有天启二年方绍祚序和民国二十八年许承尧序。

安徽博物院藏

【参考文献】

周心慧著《中国古代佛教版画史综论》，学苑出版社，1998年。

张秀玉，《〈观世音菩萨三十二相大悲心忏〉考述》，《上海高校图书情报工作研究》2011年。

（撰文：郭晶）

圣祖御书金刚般若波罗蜜经

清康熙六十年（1721）内府刻版。木板，凸版。版片高29厘米，宽70厘米，厚3厘米。存1片。

鸠摩罗什（344—413），梵语Kumārajiva，出生于古代西域的龟兹国。是南北朝时后秦的一位高僧，译经家。“鸠摩罗什”意思是童寿。罗什7岁出家，博通群经。后秦弘始三年（401）入长安，主持译经，十余年间，共译出《摩诃般若》《法华》《金刚》诸经、论，共74部384卷。《晋书》有传。

《金刚般若波罗蜜经》即《金刚经》，佛教经典。全称《能断金刚般若波罗蜜经》，又称《金刚般若波罗蜜经》。“般若”是梵文音译，意为“通达世间法和出世间法，圆融无碍，恰到好处，绝对完全的大智慧”。经题的意义，指以金刚一样无坚不摧的大智慧，破除一切烦恼执着，超越生死而达到永恒安乐。

此版为清圣祖玄烨手书上版，末署“康熙六十年岁次辛丑四月初八日临赵孟頫书”。扉页佛说法图，末页韦驮像，绘刻极为精妙，构图独特，将佛教义理融会贯通于版画背光图像，内容极为丰富。画中所呈现出的虚空法会，天雨宝华，七宝漂浮，人物飘动，法像庄严，使人遐想。

故宫博物院藏

（撰文：王秋菊）

佛说高王观世音经

明嘉靖四十二年（1563）刻版。木板，凸版。版片高20厘米，宽40.7厘米，厚2.1厘米。

此经最早可能源自于《观世音菩萨普门品》或北魏《十句观音经》，之后经历代不知名人士增加内容，至宋朝时形成现存样貌。现存经文由诸佛佛号与七佛灭罪真言（咒语）组成。信徒认为，此经类似于伏藏，是一本“梦授经”，也有可能是源自于中国民间观音信仰，民间为诵念方便，自行摘取佛经片段，编辑而成。它是目前现存最早的佛教疑伪经文献。中国历代持诵者众，在宋代、西夏，持诵此经风气盛行，而目前在华人地区与日本仍然相当流行。

故宫博物院藏

（撰文：王秋菊）

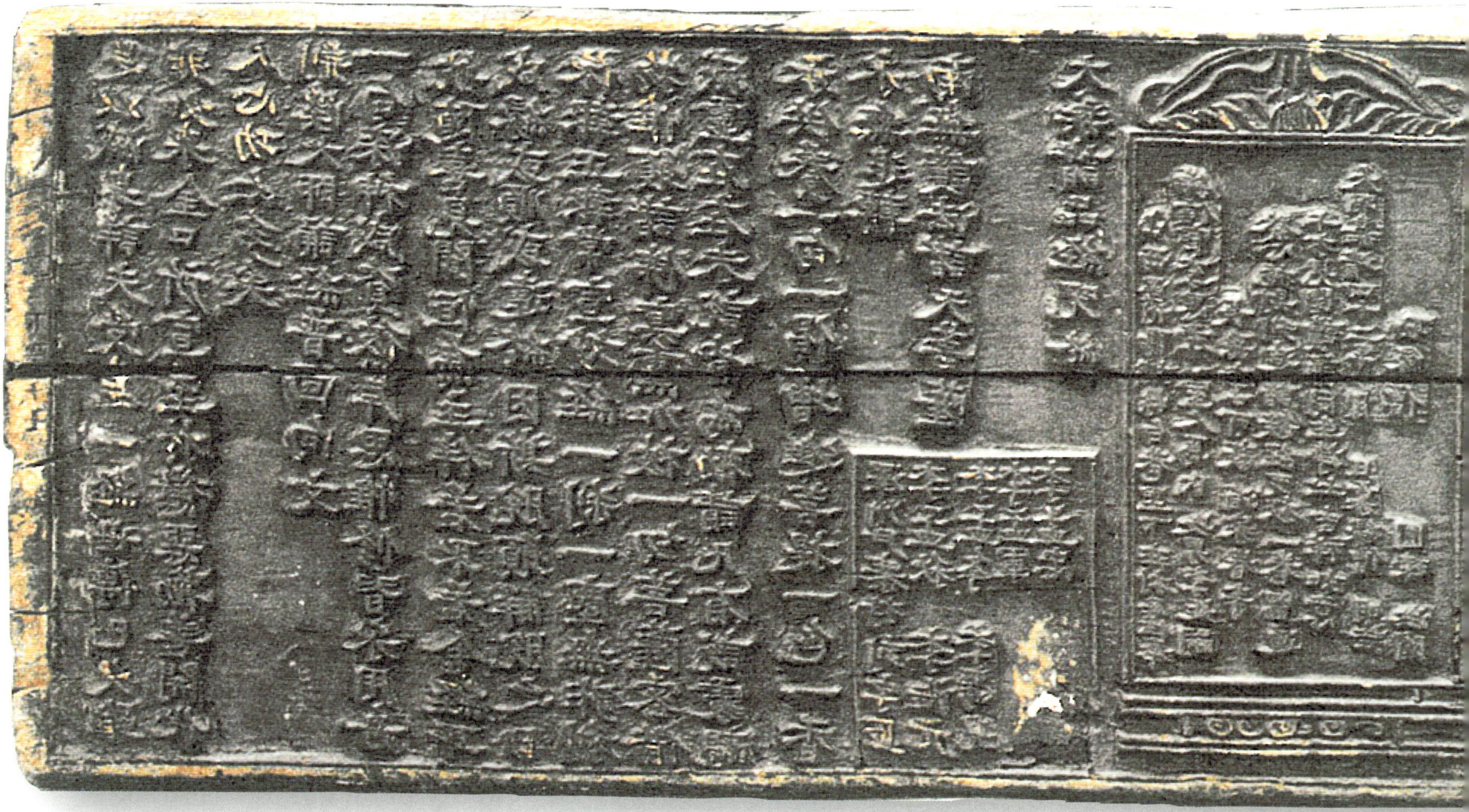

大乘诸品经咒

明嘉靖四十二年（1563）刻版。木板，凸版。版片高20.3厘米，宽49厘米，厚2.4厘米。存1片。

故宫博物院藏

（撰文：王秋菊）

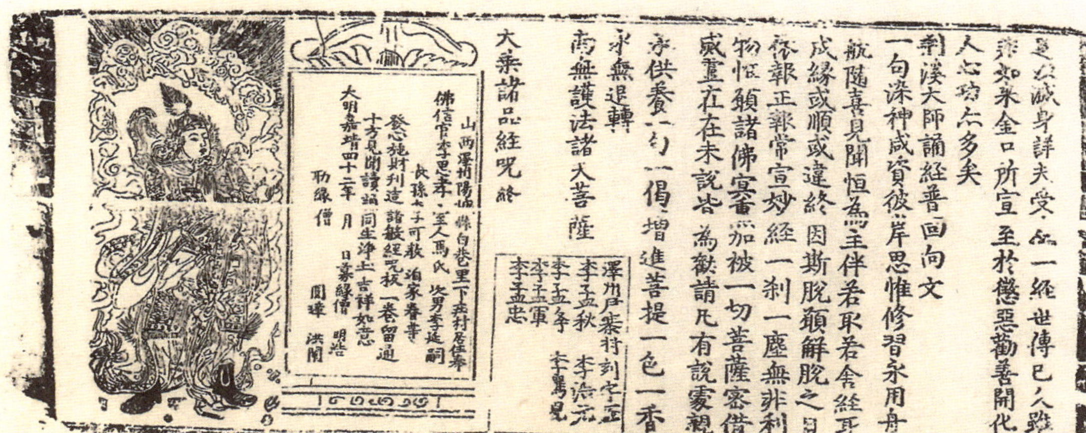

道教版画

明代万历二十八年（1600）刻版。木板，凸版。版片高26.3厘米，宽54.3厘米，厚2.4厘米。存1片。

故宫博物院藏

（撰文：王秋菊）

北极真武感应灵签

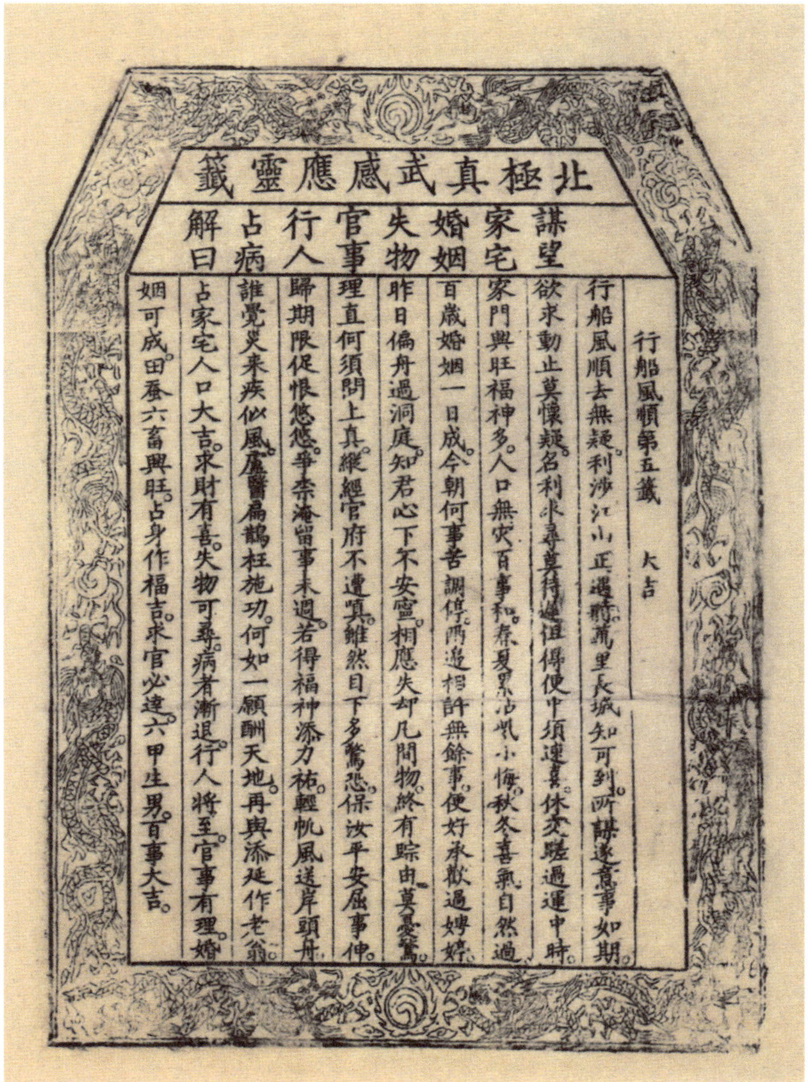

清道光内府刻版。木板，凸版。版片高28厘米，宽39.3厘米，厚2.8厘米。满汉释文，上图下文，彩绘经折装。存20片。

清宫遗存的清道光年内府刻版《北极真武感应灵签》雕版存二十块四十面（双面雕刻），四周宽龙纹边框，原全套雕版为二十五块四十九面。版面分上中下三栏，上栏横书《北极真武感应签》，中栏纵书谋望、家宅、婚姻、失物、官事、行人、占病、解曰八行，下栏纵十一行，首行为签号与此签吉凶，如：真武灵签第一：飞龙变化，上大吉。其他诸行以七言诗的形式分别作解，最末二行对其他七个方面所求内容做总的解释。这套雕版龙纹边框，清宫旧藏，是宫中举行方术活动“求签问卜”后领取解签文字的印刷品原刻雕版。

故宫博物院藏

（撰文：王秋菊）

畿辅丛书一百二十六种一千五百三十卷

清王灏辑，清刻版。木板，凸版。版片高17.5厘米，宽27.5厘米，厚2厘米。版框高15.5厘米，宽25.5厘米。四周双边，半叶10行，行22字。存3万片。

王灏（1820—1880）字文泉，号坦甫，河北定州西关人。祖籍山西洪洞，明永乐二年（1404）迁居定州。清咸丰二年（1852）中举，官同知。奉檄编练义勇拒太平军、捻军，赏四品顶戴。光绪间，受张之洞、黄彭年影响，广收畿辅先哲遗著，招黄国瑾、钱恂，为之校定，辑为《畿辅丛书》。另辑有《括斋文集》《畿辅文征》和《畿辅地名考辑刊》等。

《畿辅丛书》收书一百七十种，集河北乡邦文献，自周秦至明清的著述。所刊均为校雠较精，流传较少之书。其中汇刻书六家，除《永年申氏遗书》是佳胤、涵光、涵煜等一家合集外，余者为清初学者颜元、李塨、孙奇逢、尹会一、崔述各家全集。

王灏编撰《畿辅丛书》用时三十年。期间，以仿宋字雕刻书版。书版用枣木制成。至王灏去世时，《丛书》已全部编撰完成，部分未刻完的书版由王灏之子王延纶于1886年雕刻完毕。全套书版3万8千余块，专置其后花园十间瓦房内保存。

书版经王灏子孙六十余年精心收藏，保存完好。解放战争时期，为使书版不受战火破坏，时任晋察冀军区司令员聂荣臻明确指示，要妥善保管好这一宝贵文化遗产。1948年全套书版被运至河北阜平县。后几经辗转，在“文革”期间丢失1000余块。

定州市博物馆收藏

【参考文献】

张挥之、沈起炜、刘德重主编《中国历代人名大辞典》，上海古籍出版社，1999年。

上海图书馆编《中国丛书综录》，上海古籍出版社，2006年。

（撰文：庄秀芬）

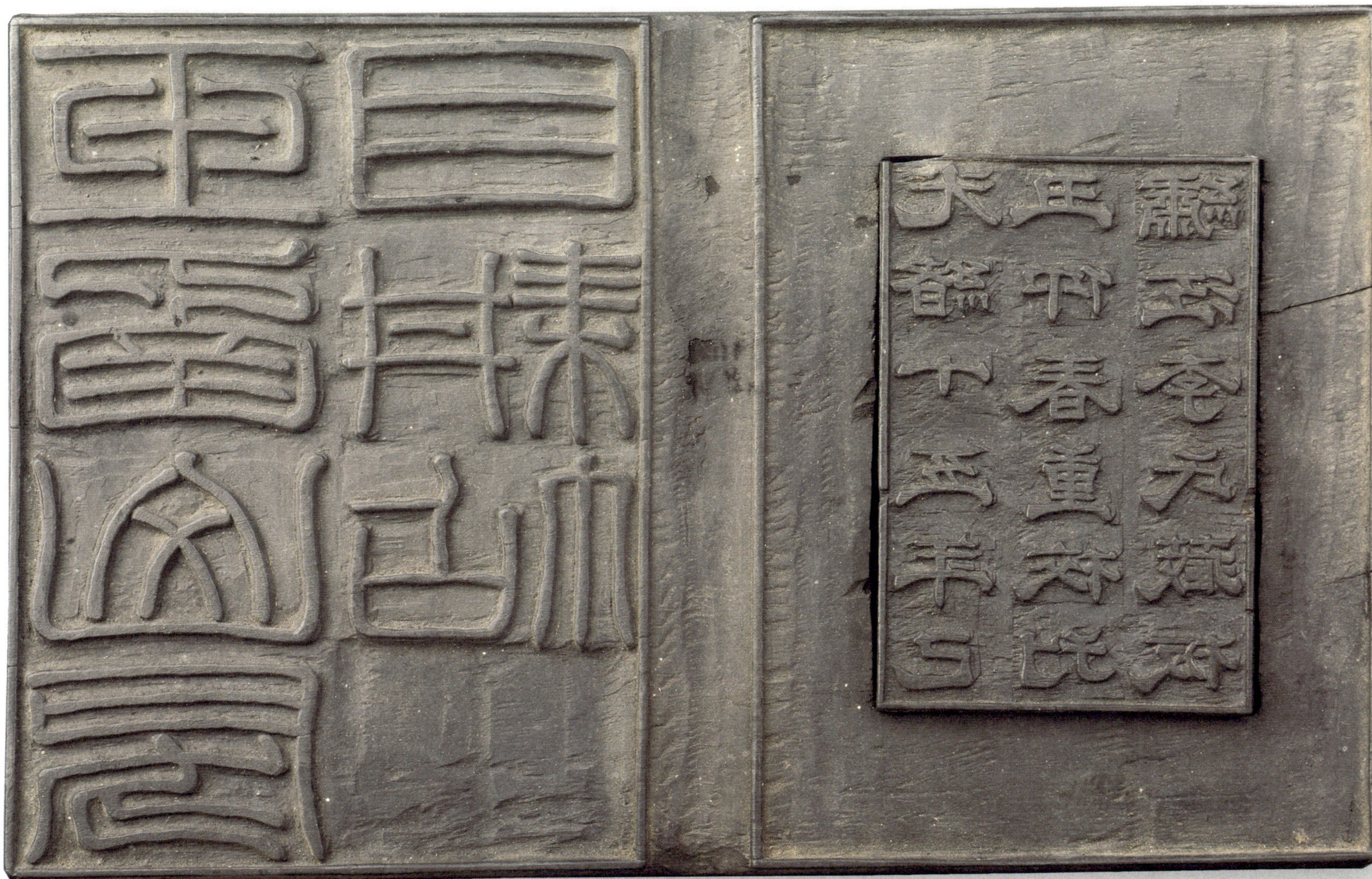

玉函山房辑佚书

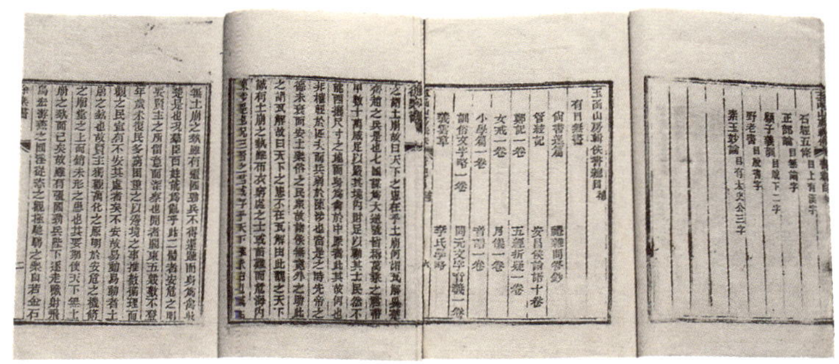

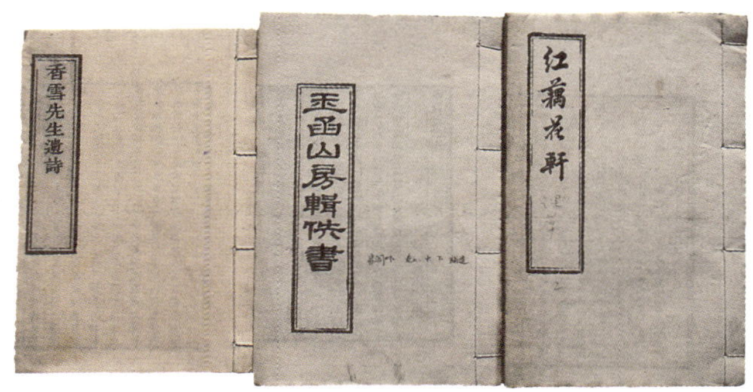

清马国翰辑，清道光、咸丰间马国翰刻版光绪十五年（1889）李元琎、李符卿补刻。木板，凸版。版片高18厘米，宽26厘米，厚2厘米。版框高16.8厘米，宽24.8厘米。半叶9行，行20字，小字双行同，白口，四周双边。存5966片。

马国翰（1794—1857）字词溪，号竹吾。原籍山东济南府章丘县（今山东省章丘市），其曾祖父时迁居山东济南府历城县（今山东省济南市历城区）。清嘉庆十七年（1812）中秀才，其后二十年困于乡闱，迫于生计，坐馆授徒。道光十二年（1832）进士，历任陕西洛川、石泉、泾阳知县，十九年（1839）以疾乞假，家居五年。二十四年（1844）迁陕西陇州知州。咸丰三年（1853）以疾致仕，归于里，七年（1857）病故于家。辑有《玉函山房辑佚书》。著有《玉函山房目耕帖》《玉函山房藏书簿录》《玉函山房藏书簿录续编》《竹如意》《红藕花轩泉品》《玉函山房文集》《玉函山房诗集》等。

马氏家贫好学，自秀才时，每见异书，手自抄录。及为县令，廉俸所入，悉以购书，所积至5万7千余卷。筑室历城玉函山麓，名其斋为“玉函山房”。在搜集、抄录古籍的过程中，马氏有感于唐以前之古书多有亡佚，乃发愤辑佚，殚心搜讨，不遗余力。遍校唐以前诸儒撰述，其名氏篇第列于史志及他书可考者，广引博征。自群经注疏、音义，旁及史传、类书，片词只字，无不搜辑。约在道光九年（1829），马氏已开始辑经

首頸以卻齊而存魏夫王奢樊於期非新於齊秦而
故於燕魏也所以去二國死兩君者行合於志慕義
無窮也是以蘇秦不信於天下爲燕尾生白圭戰亡
六城爲魏取中山何則誠有以相知也蘇秦相燕人
惡之燕王燕王按劍而怒食以駃騠白圭顯於中山
人惡之於魏文侯文侯賜以夜光之璧何則兩主二
臣剖心析肝相信豈移於浮辭哉故女無美惡入宮
見妒士無賢不肖入朝見嫉昔司馬喜臏腳於宋卒
相中山范雎拉脅折齒於魏卒爲應侯此二人者皆
信必然之畫捐朋黨之私挾孤獨之交故不能自免
於嫉妒之人也是以申徒狄蹈雍之河徐衍負石入
海不容於世義不苟取比周於朝以移主上之心故

部佚书。道光十八年（1838），马氏已开始辑子部佚书。咸丰二年（1852）致仕后，犹纂辑无虚日，直至其卒时，此书尚未完稿，亦未列总目。此书分经、史、子三编，惟经编稍全，史编则所得仅八卷，子编自儒家、农家外俱无目。同治十三年（1874）匡源序称书中"颠倒舛错，漫无条理，盖当时随编随刊，书未成而先生卒，故其体例未能画一也"。所辑各佚书视其所得多少为卷，各作序录以冠于篇，介绍该书散佚情形及辑佚来源。民国间王仁俊以此书未备，又辑《续编》及《补编》，收古佚书400余种，稿本今藏上海图书馆。

道光二十六年（1846），马氏在陇州知州任上时，开始刊印其所辑经编佚书。至二十九年（1849），经、子两编均已刊竣。此后仍尽心搜辑，随编随刊，惜书未完而马氏卒。

马氏殁后，书版、遗稿归其婿章丘李氏，然已有散失。咸丰末年兵乱，书版因藏于复壁得以幸存。约在同治七年（1868），李宝婴、宝赤兄弟出壁中书版，刷印数十部，此书始显于世。

同治九年（1870），山东巡抚丁宝桢、山东按察使文彬欲将此书广为流布，乃命取李氏藏版，校订补残，补刊其残缺若干篇，济南泺源书院山长匡源参校汉隋唐志补编总目，并撰序文，均置于卷首，书末附马氏经训札记《目耕帖》三十一卷，同治十三年由济南皇华馆书局印行数十部。

光绪十年（1884），陈锦谋诸李元瑞、元琎兄弟，取出书版，补近年蠹蚀之叶，增补《目耕帖总目》后重印行世。

光绪十三年（1887），李元琎、李符卿于马氏继子马超凡之子马凤藻处得马氏手稿百余册，请蒋式瑆为之董理，蒋氏为撰《玉函山房手稿存目》一卷、《玉函山房手稿存目后记》一篇，并校录出辑佚书十种十一卷。光绪十五年，李元琎、李符卿吸收蒋氏整理成果，补刻蒋氏校正之十三卷及昔年误遗之《荆州记》三卷，而附《书后》《存目》二卷于后，由山东巡抚张曜资助，印行六十部。书中有"光绪十五年己丑仲春重校刊绣江李氏藏板"牌记。书版其后仍由章丘李氏后人收藏，直至1999年，已经鲜为人知的书版重又现世，李氏后人李应顺于李氏老宅复壁中发现并取出这批书版，于2000年5月捐赠章丘市博物馆。

光绪十五年李元琎、李符卿补刻本乃《玉函山房辑佚书》内容最为完备之本，但印数稀少，流传不广，然其书版经百余年后仍能存世，且保存大体完整，殊为不易，弥足珍贵。

章丘市博物馆藏

【参考文献】

宁荫棠、韩玉文，《章丘李氏藏板初探》，《山东图书馆季刊》2002年第1期。

李梅训，《马国翰著述考论》，《齐鲁文化研究》（总第二辑），齐鲁书社，2003年。

高月，《马国翰〈玉函山房辑佚书〉研究综述》，《学行堂文史集刊》2014年第1期。

（撰文：王沛）

章氏叢書
浙江圖書館校刊
餘杭章炳麟太炎著

章氏丛书十三种四十八卷

章炳麟撰，民国六至八年（1917—1919）浙江图书馆刻版。木板，凸版。版片高28厘米，宽37厘米，厚1.5厘米。版框高27.8厘米，宽13.9厘米。四周单边，单黑鱼尾，半叶11行，行24字，小字双行同。存952片。

章炳麟（1869—1936）字枚叔，号太炎，浙江余杭人。少从外祖朱有虔、父濬学，后入诂经精舍，拜俞樾为师。先后担任《时务报》《昌言报》《东亚时报》等编辑，主持《民报》。清光绪二十八年（1902）与蔡元培等组织中国教育和爱国学社。1936年6月14日逝于苏州，时人誉为“革命元勋，国学泰斗”，国民政府令以国葬。一生著述颇丰，有《章氏丛书》《章氏丛书续编》等，部分遗稿刊入《章氏丛书三编》。

是书收录章氏平生重要学术著述凡十三种四十九卷，涵盖经学、史学、文学及章氏政治革命思想等内容，是其学术成就集大成之作。收录书目包括《春秋左传读叙录》《刘子政左氏说》《文始》《新方言》《岭外三州语》《小学答问》《说文部首均语》《庄子解故》《管子余义》《齐物论释》《国故论衡》《检论》（原名《訄书》）、《太炎文录》《菿汉微言》。

1913至1916年，章氏被袁世凯软禁北京，欲将平生著作编为丛书印行，遂手定是书。初由上海右文社康心如以铅印刊行，凡十一种。后太炎长婿、浙江图书馆馆长龚宝铨力排经费不足及议会“质问”之困，终以1917至1919年由浙江图书馆精校刻印，除右文社本原有内容外，另增《齐物论释》重定本、《太炎文录》《菿汉微言》。

对于《章氏丛书》收录诸书，太炎极为重视，评价甚高。《自述学术次第》言：“余所撰著……皆积年讨论，以补前人所未举。”软禁北京期间，与龚宝铨通信：“所著数种，独《齐物论释》《文始》千六百年未有等匹。《国故论衡》《新方言》《小学答问》三种，先正复生，非不能为也。”从收录诸目和章氏自述，可知《丛书》所入皆为反映章氏学术成就的重要著述，而早期见于期刊的斗争性文章，则多被刊落。

此版为1917至1919年浙江图书馆刻版，为是书成之后第一个雕版。内封署“余杭章炳麟太炎著/浙江图书馆校刊”，字体秀美。此书另有1915年上海右文社铅字排印本、1924年上海古书流通处印本等，历次编排内容多有增删，然以是本最精。

浙江图书馆藏

【参考文献】

王云五编著《民国章太炎先生炳麟自订年谱》，台湾商务印书馆，1987年。

马勇编《章太炎书信集》，河北人民出版社，2003年。

赵达雄，《浙江图书馆的版本度藏与雕版印刷》，《图书馆杂志》2001年5期。

（撰文：包菊香）

山谷诗集注三十九卷

宋黄庭坚撰，清光绪年间刻版。木板，平版，双面雕刻。版片高35.5厘米，宽22.5厘米，厚1.8厘米。版框高22.5厘米，宽12.5厘米。黑口，左右双边，半叶9行，行16字。现存1067片。

黄庭坚（1045—1105）字鲁直，号山谷道人，晚号涪翁，北宋洪州分宁（今江西修水）人。自幼聪慧，博览群书，七岁作《牧童诗》。宋治平四年（1067）进士。曾任《神宗实录》检讨官，因新旧党争屡遭贬斥。黄庭坚能诗善词，其诗得法杜甫，提倡“夺胎换骨”“点铁成金”，开创江西诗派，与张耒、晁补之、秦观并称“苏门四学士”；其诗与苏轼齐名，元祐间有“苏黄”之称。亦工于书法，善行、草，兼工楷书，与苏轼、米芾、蔡襄合称“宋四家”。编有《焦尾》《弊帚》两集及《退听堂集》，惜未流传。著有《山谷集》《豫章黄先生文集》等。《宋史》卷四四四有传。

是书为黄庭坚诗作别集，光绪年间义宁陈三立四觉草堂仿宋本，含内集二十卷，任渊注，所收诗作系元丰元年（1078）作者三十四岁之后所作，按年代编次；外集十七卷，史容注，所收为嘉祐六年（1061）作者十七岁后诗作；别集二卷，史季温注，无系年目录。

此版前有“义宁陈氏四觉草堂藏版”牌记，保存完好。

天津图书馆藏

【参考文献】

郑永晓纂辑《黄庭坚全集辑校编年》，江西人民出版社，2011年。

马良春、李福田主编《中国文学大辞典》，天津人民出版社，1991年。

（撰文：廖甜添）

夏峰先生集十四卷补遗二卷首一卷

清孙奇逢撰，清道光二十五年（1845）大梁书院刻版。木板，凸版。版片高22厘米，宽28.1厘米，厚2.4厘米。版框高18.1厘米，宽26.7厘米，四周双边，半叶9行，行21字。双面雕刻，存365片。

是书为夏峰先生门人及后裔编订，包括语录二卷，文十卷（含记一卷、序二卷、书二卷、传一卷、志铭二卷、杂著一卷、赞一卷），诗二卷，补遗二卷为答问和步涉桥记略，首一卷为旧序、纪事和别传。是书收录孙奇逢的主要著述，凡其人生之学术建树与政治主张均大体可见，乃研究孙氏之重要史料。孙氏生前自编文集《岁寒集》三十卷，录六十岁以前所著述者，又有《岁寒续集》若干卷，录六十岁以后之文，其他答问、诗作则在子孙及门人各自所存抄本中。或云当时已汇集为《岁寒居全集》，未刊行（魏裔介《孙徵君先生传》）。孙氏殁后，其门人王伯生、赵宽夫收集其诗文答问，于康熙十七年（1678）编成《传信录》，未刊。康熙三十七年，孙氏后裔孙淦于康熙三十七年（1698）以之为据，编订成书，厘为十四卷，并于康熙三十八年（1699）由刻工柏国翰等付梓行世。道光二十五年（1845），嘉兴钱仪吉于孙氏后裔处得此书，并在大梁书院刊刻。重刊时对“明季所作，语涉禁避者，遵乾隆间廷议删去数篇。及酬应之作亦间汰一二。其语录本在诸体之后，今以冠首者，从朱子手定《二程全书》例也，它悉仍其旧”（《重刻序》）。又得他人搜集语录、杂文及家规等附录补遗之，故总共十六卷。

今康熙之版不复可见，此版即大梁书院重刊之版，乃现存孙氏诗文全集最早最详者。卷一卷端署“夏峰先生集卷之一，容城孙奇逢启泰著，大梁书院重刊”。版心题“夏峰集”。补遗卷上卷端署“夏峰先生集补遗卷上，容城孙奇逢启泰著，辉县后学郭程先补辑”。此版椠刻精审，光绪间编辑孙氏全集即以此本为据。

河南省辉县市博物馆藏

【参考文献】

孙奇逢著《夏峰先生集》，中华书局，2004年。

张显清编《孙奇逢集》，中州古籍出版社，2003年。

（撰文：向辉）

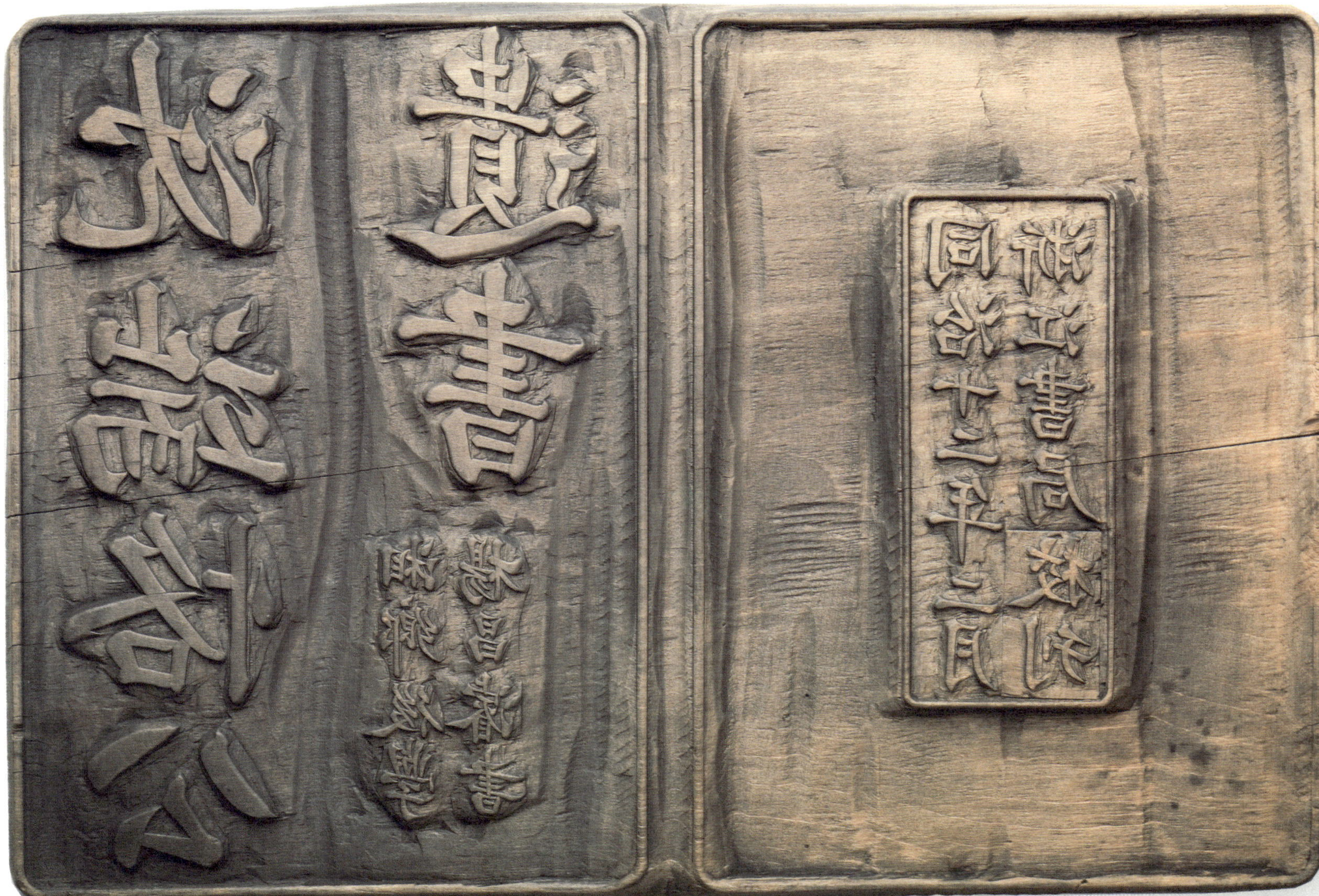

沈端恪公遗书四卷

此书含《励志录》二卷，清沈近思撰；《沈端恪公年谱》二卷，清沈曰富撰。清同治十二年（1873）浙江书局刻版，木板，凸版。版片高18.5厘米，宽27.5厘米，厚1.4厘米。版框高18.3厘米，宽26.4厘米。左右双边，单黑鱼尾，白口，半叶10行，行20字，小字双行同。存77片。

沈近思（1671—1727）字位山，号闇斋，又号庵斋，浙江杭州仁和县五杭（今属浙江杭州）人。康熙三十九年（1700）进士。历任临颍县知县、台湾府知府、吏部文选司郎中、太仆寺卿、都察院左都御史，卒赠礼部尚书、太子太傅，谥端恪。《清史稿》卷二九〇有传。善理学，其学以程朱为准的。著有《学易》《学诗》《读论语注》《偶见录》《小学咏》《真味诗录》《天鉴堂集》等。

沈曰富（1808—1858）字沃之，又字南一，吴江人。道光十九年（1839）中举，赴会试不第，遂淡于仕进，以读书为事。著有《受恒受渐斋诗文集》《当湖弟子传》《夏峰弟子传》等多种。

《沈端恪公遗书》含沈近思《励志录》二卷、沈曰富《沈端恪公年谱》二卷，附全祖望《题沈端恪公神道碑后》。《励志录》二卷乃沈氏日常随笔，其言平实，以读书、为人、为官诸事所思，皆以理道之学励志。乾隆四年（1739），沈近思之子沈迁、沈玉琏刊刻其父所著《天鉴堂集》八卷附《励志杂录》一卷。《励志录》二卷或在《励志杂录》一卷基础上增补而成。

《沈端恪公年谱》以年月为经纬，记述沈氏生平。俞樾《春在堂随笔》卷五载：“杨石泉中丞偶得《沈端恪公年谱》四卷，其书乃未定稿本，属余写定。因于吴下寓庐校读一过，付钞胥写之，仍为四卷。”据俞氏考证，彭启丰所撰《沈公墓志铭》引及《年谱》，疑其时已有《年谱》行世，但与此谱不同。杨昌濬字石泉，湖南湘乡人，时任浙江巡抚。杨昌濬所得《年谱》四卷稿本或为沈曰富所著，而浙江书局刊刻时将四卷改为二卷。全祖望在《题沈端恪公神道碑后》，以沈氏生前朝中诸事述其德行，可与年谱互参。

此为清同治十二年（1873）浙江书局刻版，题“沈端恪公遗书，湘乡后学杨昌濬书”，有“同治十二年二月浙江书局校刊”牌记。浙江书局创办于清同治六年（1867），俞樾任总办，宣统元年（1909）归并入浙江图书馆。

浙江图书馆藏

【参考文献】

俞樾著《春在堂随笔》，江苏古籍出版社，2000年。

赵国璋、潘树广编《文献学辞典》，江西教育出版社，1991年。

（撰文：王沛）

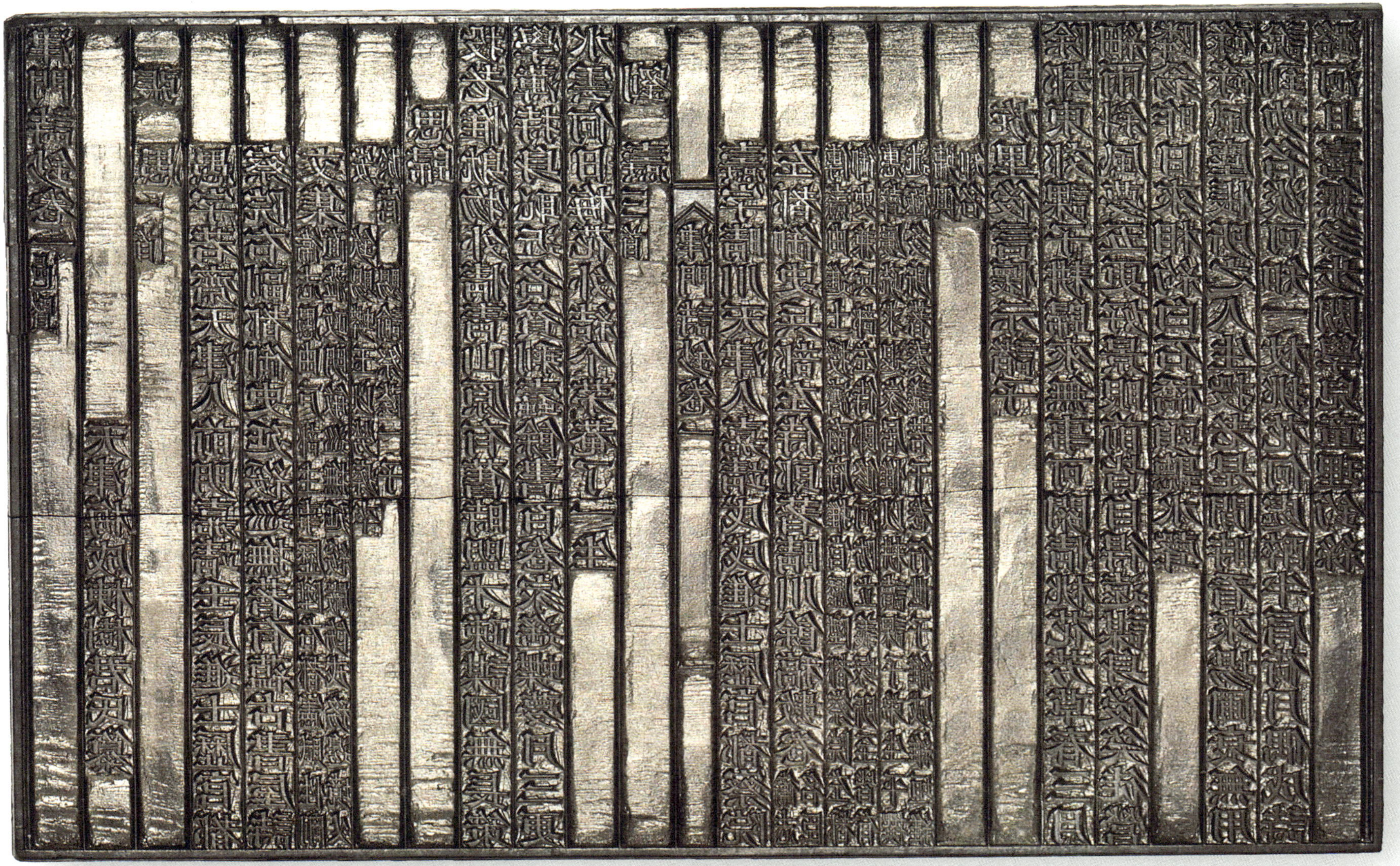

津门诗钞三十卷

清梅成栋辑，清道光四年（1824）思诚书屋刻版。木板，凸版，双面雕刻。版片高28厘米，宽18厘米，厚1.5厘米，版框高18厘米，宽14厘米。白口，左右双边，半叶12行，行21字，小字双行同。存700片。

梅成栋（1776—1844）字树君，号吟斋，天津人。自幼聪颖，博览群书，工诗文书法，善画兰竹。与崔旭、姚元之授业于张问陶门下，合称“张门三才子”，梅、崔又并称“燕南二俊”。嘉庆五年（1800）举人，后屡试不第，遂退而讲学。道光六年（1826），集南北文士19人结社“问津书院”，次年起“梅花诗社”，聚骚人墨客饮酒唱和，时为津门诗坛领袖，文士多出其门。曾与侯肇安、王天锡等倡立辅仁学院，主讲席十余年。梅氏笃行好义，热心公益，曾多次捐赈救灾，施米设厂；授徒所得薪酬，除自给外，皆用于奖掖后学。官任永平府训导，卒于任上。著有《欲起竹间楼存稿》《四书讲义》《管见篇》等，辑有《津门诗钞》，其诗作与崔旭诗合刻为《燕南二俊诗钞》。

梅氏熟知乡邦掌故，因恐津门诗家诗作年久散佚，遂苦心搜集三十载，将所见抄录成帙，共收元至清道光初诗人400余家，诗作近3000首，辑成《津门诗钞》三十卷。书中所收诗人以天津乡人、官宦以及流寓者为主，按邑贤、闺秀、郡贤、流寓、寓贤、方外、仙鬼等分类编次，以科第先后排序，无科第者则据生卒年。书前《凡例》记述编辑缘起，每位诗人立小传，有轶事者皆附于诗后。诗作内容大致有三类，一为歌颂孝子烈女和忠臣廉吏之作，二为天津文坛盛况记录，三为描绘天津名胜古迹、风土人情之作，是天津诗歌总汇。

《津门诗钞》成书于清道光四年，当时未能刻版，天津余堂在佛山索稿并为之刊行，道光十二年（1832）刊刻完成。后世编纂天津地方志多参考此书。原版700片，现存700片，品相完好，具有重要的史料价值。

天津图书馆藏

【参考文献】

（清）梅成栋纂，卞僧慧、濮文起校点《津门诗钞》，天津古籍出版社，1993年。

天津市地方志编修委员会编著《天津通志》，南开大学出版社，2001年。

来新夏、郭凤岐主编《天津大辞典》，天津社会科学院出版社，2001年。

（撰文：廖甜添）

辍耕吟稿五卷

清倪伟人撰，清光绪十六年（1890）倪望重章安官舍刻版。木板，凸版。版片高16.5厘米，宽25.5厘米，厚1.2厘米。版框高16.5厘米，宽25.2厘米。半叶10行，行21字，黑口，四周双边。存75片。

倪伟人（1790—？）字子桢，号倥侗，祁门（今安徽省黄山市）人。邑廪生。课徒为生。幕游大江南北，诗为时流所称。同治初年卒。著有《辍耕吟稿》五卷、《四书疑问辑解》二卷、《乐府古题要解》二卷、《续辑乐府题解》一卷、《课徒试帖》二卷、《辍耕笔记》一卷、《辍耕消暑录》一卷、《敦复堂文集》二卷等。事见《锦城纪略》。

《辍耕吟稿》乃倪氏诗集，收录古近体诗647首。此书卷前有道光二十四年（1844）倪氏自序，叙己作诗经历，称曾收拾旧作投之炉烬，其后作诗审慎，“再四易稿”，“必求不违古亦不袭古”，“自作为诗亦欲规规于气、韵、神三者之中”。该年秋，倪氏重游白门，客有过旅邸索诗者，求其全部诗稿，促以汇集邮寄。倪氏归馆后，拣录成帙。由此可知，此书所选诗作乃倪氏手定。书中既有对家乡风物民俗的反映，如《新安竹枝词》44首，又有对时事的感慨，如针对鸦片战争期间英国侵略行径、投降派遁逃议和等时事有感而发的《漫兴》诸篇，流露出作者忧国忧民的情怀。

此版为清光绪十六年其长子倪望重刻于章安官舍者，应是书成之后第一个雕版。书中有“光绪庚寅夏月刊于章安官舍”牌记。章安即台州府临海县（今属浙江省台州市），倪望重时署临海知县。《课徒试帖》卷前有光绪二十四年（1898）倪望重题识，称先父“所著《辍耕吟稿》，重已于摄篆章安时付梓”，亦可证此版由倪望重主持刻于临海县署。安徽科研所藏有稿本五卷，可互相参校。

安徽博物院藏

【参考文献】

柯愈春著《清人诗文集总目提要》，北京古籍出版社，2001年。

蒋寅，《清代徽人诗话经眼录》，《徽学》（第二卷），安徽大学出版社，2002年。

王广西、周观武编撰《中国近现代文学艺术辞典》，中州古籍出版社，1998年。

（撰文：包菊香）

新编目连救母劝善戏文三卷

明郑之珍撰，明万历十年（1582）郑氏高石山房刻版。木板，凸版，双面雕刻。版片高27.5厘米，宽20厘米，厚2.2厘米。版框高20厘米，宽13.5厘米。四周单边，半叶10行，行24字。存179片。

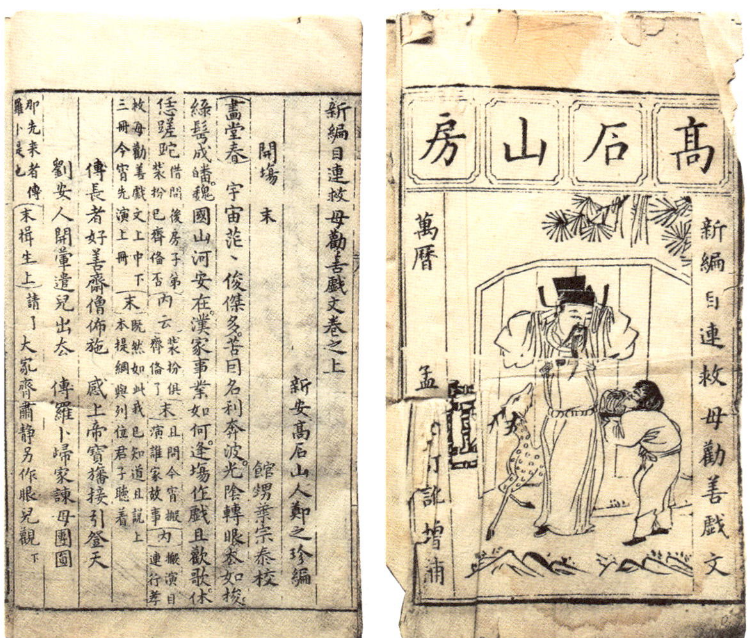

郑之珍（1518—1595）字汝席，号高石，别署高石山人，祁门县（今属安徽）人。郑之珍性敏学博，读书过目不忘，却因“目病艰于书写”，明万历仅补邑庠生，而“大考则终坐”，终生未取功名。撰有《新编目连救母劝善戏文》及《五福记》等戏文。

此为传奇，又名《目连记》《劝善记》，全名《目连救母劝善记》。目连救母故事，最早源于西晋竺法护所译《佛说盂兰盆经》，现存唐宋间敦煌写本有《目连缘起》《大目犍连冥间救母》等变文。郑氏之作在此基础上改编而成，共100出，分上、中、下三卷。写善人傅相，持斋奉佛，赈济孤贫，死后升天受封“天曹至灵至圣劝善大师”。妻子刘青提受人怂恿，破戒开荤，不敬神明，触怒上苍，坠入地狱。其子罗卜亲往西天求佛救母，历经各种磨难，孝心动天，佛祖嘉其孝行，允许皈依沙门，赐以大目犍连法号。目连下地狱寻母，遍历十殿，百折不回。感天动地，最终母子重逢、合家受封，同升天界。

此版为明万历十年安徽虬村黄氏刻工镌刻，双面雕刻并插有版画。此版刊行后，同年刊刻成书，即明万历间高石山房原刻本，乃此戏之较早刻本。

安徽博物院藏

【参考文献】

李修生编《古本戏曲剧目提要》，文化艺术出版社，1997年。

（撰文：郭晶）

柯尔坪之战图

清道光九年（1829）内府制版。铜版，凹版。版片高59.3厘米，宽96厘米，厚0.05厘米。版框高52厘米，宽91.2厘米。存1片。

康乾盛世，开疆拓土，清内府奉敕制作铜版画战图以描绘战事，宣扬战果。《平定回疆得胜图》为现知清内府铜版画最后一套，《柯尔坪之战》为其中之一。全图共10幅：浑巴什河之战、柯尔坪之战、洋河尔也特之战、沙布都尔庄之战、阿瓦巴特庄之战、克复喀什噶尔之战、收复和阗生擒贼目噶尔勒之战、生擒首逆张格尔、午门受俘仪式、凯宴成功诸将士。

《柯尔坪之战图》又称《平定张格尔战图》，版片以铜雕凹版压印柯尔坪战争场面。清道光六年（1826），得道光帝亲自部署，“两路会合夹攻”，清军于柯尔坪（今新疆阿克苏地区柯坪县）大胜张格尔叛军，提振士气，是清军平叛重要一役。铜版战图印本又有木刻雕版刷印道光皇帝御制诗《柯尔坪之战》：“回户繁多柯尔坪，逆酋聚众妄搘撑。提臣奉令兵知法，副将先身勇莫婴。贼目尽歼觇事顺，军声大振兆功成。追奔纵骑无留孽，诹吉行师路廓清。”

《柯尔坪之战图》系清道光朝制作，印本御题诗后有“己丑新正御笔”款，知其成于清道光九年。据清宫档案，铜版战图系经由宫廷画师完成画稿、皇帝过目钦定、画匠绘清样，交造办处镌刻铜版而成，集西方凹版印刷术与中国传统凸版印刷术于一体，是中西文化交融的重要实证。目前国内仅存数块铜版。

中国科学院国家科学图书馆藏

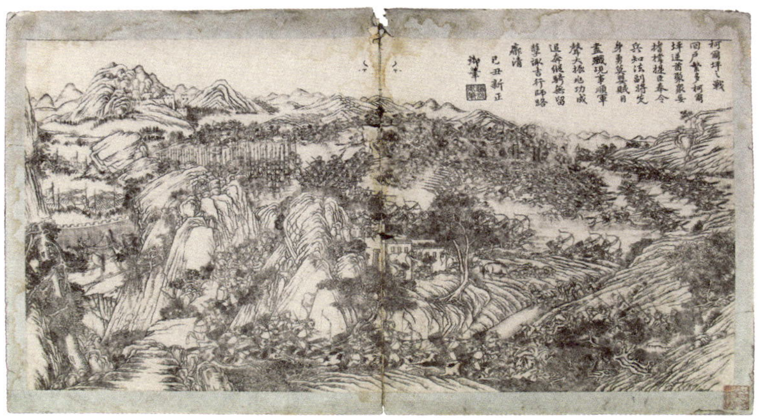

【参考文献】

罗琳，《〈平定回疆得胜图·柯尔坪之战〉铜版考》，《台湾书目季刊》41卷1期，2007年。

翁连溪，《清代内府铜版画刊刻述略》，《故宫博物院院刊》2001年第4期。

潘擎，《清代宫廷铜版画的历史特征与发展》，《兰台世界》2013年30期。

（撰文：王沛）

甘珠尔

清康熙三十九年（1700）内府刻藏文大藏经版。木版，凸版。版片高15.5厘米，宽66.5厘米，厚3.2厘米。四周双边，栏框右侧刊有汉文经名及叶码。双面雕刻。存47片。

西藏学者仁钦札巴（Rin—chen—grags—pa），即布顿（Bu—ston，1290—1364）曾参与西藏大藏经策巴目录校订工作，将藏译佛典大别为教敕译典，即甘珠尔，又称正藏。

清康熙帝敕令修造。领衔总理监造《大藏经》的是和硕裕亲王福全，监造官员以内阁侍读学士舒辂为首，共30人；校阅经字喇嘛以总管京都喇嘛班第查萨克大喇嘛墨尔根绰尔济为首，番文总教习索诺颜绰尔济副之。从事具体工作的对读经字喇嘛均为黄寺的藏族喇嘛，以根敦达尔扎克龙为首，共40人，对看（总校对）喇嘛是章嘉胡图克图，下属住持喇嘛王予克津巴格隆、罗卜藏巴尔柱格隆等共6人。监修官以内阁侍读学士食二品俸加四级乌拉代为首，共13人。校阅序目录官为丹代、拜礼、翁英3人；翻译番字序目录官为武熙布、登德两人；翻译蒙古字序目录官为喇嘛璋、黑钧两人；满文誊录官为伊巴礼、增

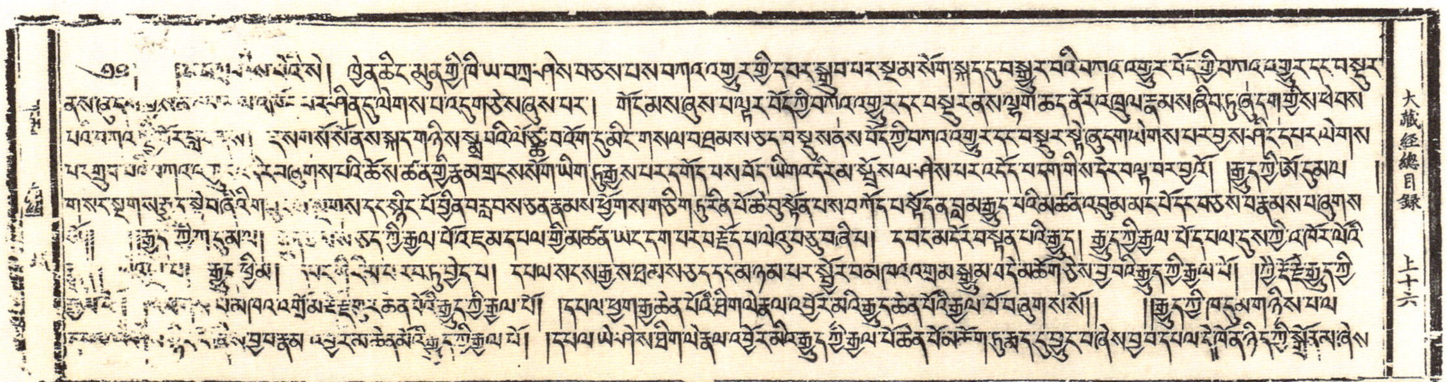
大藏經總目錄
上十六

寿、禅布3人；汉文誊录官为曹占吉、王启沃两人。番文誊录喇嘛为罗卜藏鲁雷格隆、罗卜藏拜尔济 格隆、索那木林亲格隆3人。各项工作共105人，几乎网罗了全部在京的藏传佛高僧。

西藏藏经的分类法是，“甘”意谓教，“丹”意谓论，“珠尔”则谓翻译。《宝性论》中说：“ 凡与法有关具义之事, 能除三界烦恼之善说, 颇具明示寂静功德者即为佛陀所说而非他”。意思是所说皆与法有关, 功用在于断除三界烦恼, 而果则为般涅槃。凡明示此内容者之语, 依圆满正觉之佛陀而出之善说即称为“甘”，将所译的佛语集而成册就是“甘珠尔”，也就是藏文大藏经。《甘珠尔》是佛教文学的两大丛书之一，是重要的宗教、科学遗产。《甘珠尔》里基本包括了古天竺的三藏全部典籍。故在西藏将其称为“佛语译文”“善教谕”。藏文《甘珠尔》内容分为戒律、般若、华严、宝积、经集、涅槃、怛特罗等七部。其中般若部又分为般若波罗蜜多、般若两万颂、般若一万八千颂、般若一万颂、般若八千颂和诸品般若一万颂等六个部分。

康熙版藏文《甘珠尔》自二十二年（1683）开始，历时十七年，至三十九年始竣工，史称“北京版”。版藏嵩祝寺，又称“嵩祝寺版”；经文朱印，亦称“赤字版”。全部刊刻、装潢完成后，总109函（夹）。首为藏、蒙、满、汉4种文字刊印的康熙帝御制序文、和硕亲王福全请序疏、礼部尚书介山覆请序疏、参与修撰的105人的职官名录，及《甘珠尔经》目录，共收佛教经典972种。每函（夹）由外护经板、内护经板、经叶三部分组成。外护经版上、下两块，杉木，髹朱漆，长73.3厘米，宽 23.3厘米，厚3.1厘米。内护经版也分上、下两块，均长72厘米，宽23厘米，厚3厘米，明黄色织锦包衬上护经版中间“合欢门”内有金碧彩绘如来趺坐于莲花座上的说法图，并以金织锦覆盖其上加以保护；下面的护经板有精心绘制的四大护法神，经叶长72厘米，宽22厘米，版框长58.7厘米，宽14.4厘米，四周双边，栏框右侧刊有汉文经名及叶码，经叶为双面朱印，经叶码放整齐，制作出幢、鱼、瓶、莲、海螺、磐肠、宝伞、金轮吉祥瑞，一端朱红、墨彩绘制喷焰摩尼图，另一端绘制火焰图，图中用藏文书写该卷经名，装帧极为华丽。

故宫博物院藏

（撰文：王秋菊）

释摩诃衍论等西夏文木雕版

西夏刻版。木板，凸版。版片大小不一，其中最大者高13.7厘米，宽23.3厘米，厚2厘米。版框高13.4厘米，宽22.5厘米。左右双边，半叶6行。存120片。

该批雕版1990年出土于宁夏回族自治区贺兰县潘昶乡宏佛塔，距银川市西南20余公里，推测其建造于西夏晚期。西夏建国后，注重学习中原各项先进技术，因此印刷业十分发达，印刷规模宏大，专门设置了负责雕版印刷的官方机构“刻字司”，印制官府推行的书籍。从塔内发现的大量西夏文雕版分析，这里曾是西夏王朝翻译、刊印西夏文佛经的重要场所。

宏佛塔共出土西夏文雕版2000余块，散置于佛塔天宫的槽室内。除最大的一块未完全碳化外，其余已全部碳化变黑，但刻文大都清晰可辨。字号初步可分为大、中、小三种。大号字版发现较少，每字1—1.2厘米见方，字体方正，刻工娴熟有力。其中最大的一块雕版白口，上下单栏，左右子母栏，呈蝴蝶装,字版中间有宽1厘米的中缝线，上部刻有3个较小的西夏字，当为书名简称；中线两侧各竖刻6行西夏文字，行距0.6—0.8厘米，字距0.1厘米；背面无字。该批雕版中绝大多数是中、小号字，且多为两面刻字，字体方整秀丽，刻工细腻有力，既节省了板材，又节省了储藏雕版的空间。以上三种残版，由于残损过甚，且为反字，除少部分外，绝大多数难以考证出属于何种文献。已释读出的6块雕版皆为中号字，分别为《释摩诃衍论》卷二、卷三、卷五、卷八和卷十。《释摩诃衍论》为《大乘起信论》的注释书，简称《释论》，共10卷，印度龙树菩萨造，姚秦筏提摩多译。推断西夏时期已从汉藏翻译并以西夏文雕版印刷了全部10卷。

李元昊建立西夏后，由大臣野利仁荣主持创制了党项语言的文字——西夏文字。西夏文字脱源于汉字，在结构、用笔、布局等方面与汉字十分类似，可谓“论末则殊，考本则同”。虽借鉴方块形汉字，但西夏文字笔画较多，形体比汉字更为复杂，笔画多在9—15画之间。其特点是斜笔较多，大量使用撇、捺，这使西夏文字的四角都很饱满，疏密均匀，具有很高的审美情趣和观赏价值。保存于宏佛塔的西夏文雕版数量巨大，使早期雕版零星传世的局面得以改观，拓展了早期雕版印刷的实物资料，对研究印刷史、佛教传播史等具有很高的价值。

宁夏回族自治区博物馆藏

【参考文献】

于存海、雷润泽、何继英，《西夏贺兰县宏佛塔清理简报》，《文物》1991年第8期。

（撰文：赵洪雅）

崇德八年蒙古律

清崇德八年（1643）蒙文刻版。木板，凸版。版片高33.5厘米，宽52.5厘米，厚3厘米。存3片。

清朝《蒙古律》《蒙古律书》为大清政权建立后颁布实施于非满洲区域的第一部法律文献，其颁布时间为崇德八年，比清入关后颁布的第一部《大清律》早三年，其重要性和开创性不言而喻，但由于历史原因，“律书”的具体内容已无纸质文献可查，据《大清圣祖仁皇帝实录》康熙六年（1667）九月癸卯条记载：理藩院题，崇德八年颁给《蒙古律书》与顺治十四年（1657）定例增减否，应行文外藩王贝勒等将从前所颁律书撤回，增入见在增减条例颁发。从此可知崇德八年清廷已颁布过《蒙古律书》，至顺治十四年重新修订撤回修正。

崇德八年版《蒙古律》已不存，于今发现此律书的原刻雕版，弥补了空缺，此版也是故宫收藏雕版中清廷雕刻最早的雕版，尤为珍贵。

故宫博物院藏

（撰文：王秋菊）

皇父摄政王军令

清内府顺治五年（1648）刻蒙文版。木板，凸版。版片高20.9厘米，宽33.5厘米，厚3厘米。存12片。

是书《中国蒙古文古籍总目》《清内府刻书目录题解》《清内府刻书图录》《辽宁省图书馆满文古籍图书综录》均未见著录。清入主中原后，每遇战争，出征行军，为严肃军纪都要颁布军令，据李宝文先生在清代《上谕军令条约行军纪律》一文所讲清入关后，凡两次钦颁军令条约纪律，一为雍正九年（1731）颁布的《上谕军令条约》，故宫藏有满、蒙、汉三种刻本，一为乾隆四十九年（1784）颁布的《行军纪律》。而故宫所藏清顺治五年内府刻蒙文《皇父摄政王军令》未见著录。

经研究确认本版为顺治五年内府刻版，对研究清代行军和作战纪律以及蒙文军事用语等具有重要的参考价值。

故宫博物院藏

（撰文：王秋菊）

秘密经、诸品经

清康熙五十九年（1720）内府刻蒙文甘珠尔经版。木板，凸版。版片高19.5厘米，宽64厘米，厚3厘米。存19000余片。

元成宗大德年间（1297—1307），在萨迦派僧人法光的主持下，由西藏、蒙古、回鹘、汉族等各民族僧人将藏文大藏经译为蒙文。

清康熙帝敕令修造，乾清门侍卫拉锡组织刊经，贝勒西哩、贝子善巴喇什等人即组织人员在多伦诺尔庙内开始校勘工作。

蒙古文《大藏经》由《甘珠尔》和《丹珠尔》组成，《秘密经》《诸品经》属于《甘珠尔》的一部分。蒙文《甘珠尔》是据藏文本翻译，以蒙文传写的大藏经，又名《如来大藏经》或《番藏经》。清康熙年间，再刻蒙文版《甘珠尔》，不仅是藏文《甘珠尔》刊刻后的又一盛举，也是蒙古佛教史上的一件大事。北京版《丹珠尔》分成赞颂部、秘经疏部、经疏部等三部分。

故宫博物院藏

（撰文：王秋菊）

皇父摄政王军令

清顺治五年（1648）内府刻满文版。木板，凸版。版片高20.9厘米，宽33.5厘米，厚3厘米。存12片。

是书《中国满文古籍总目》《清内府刻书目录题解》《清内府刻书图录》《辽宁省图书馆满文古籍图书综录》均未见著录。清入主中原后，每遇战争，出征行军，为严肃军纪都要颁布军令，据李宝文先生在清代《上谕军令条约行军纪律》一文所讲清入关后，凡两次钦颁军令条约纪律，一为雍正九年（1731）颁布的《上谕军令条约》故宫藏有满、蒙、汉三种刻本，一为乾隆四十九年（1784）颁布的《行军纪律》。而故宫所藏清顺治五年内府刻满文《皇父摄政王军令》未见著录。

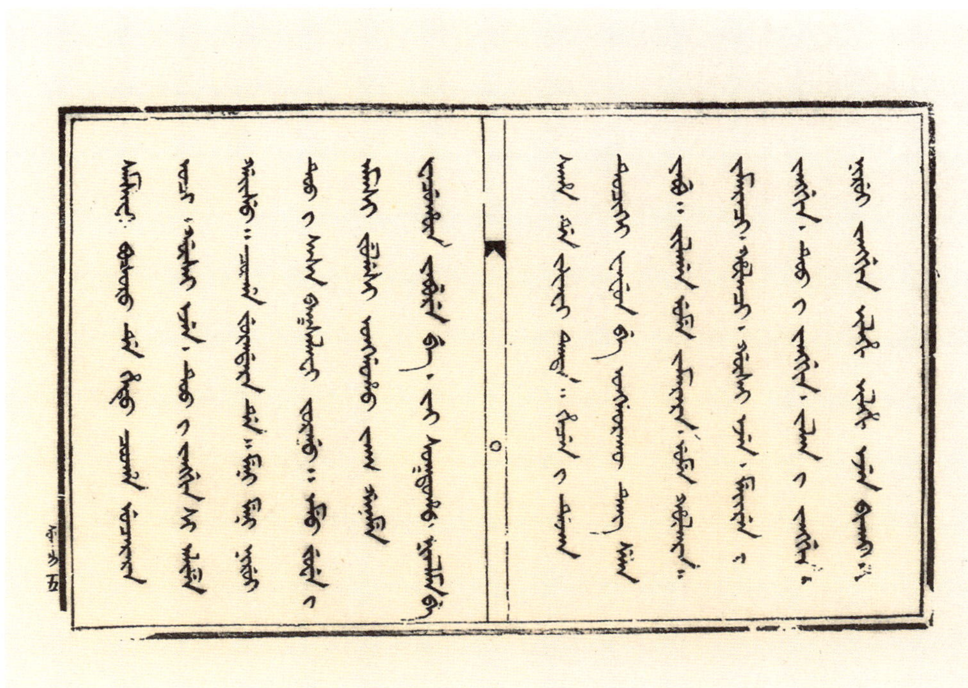

该版片对研究清代行军和作战纪律以及满文军事用语等具有重要的参考价值。

故宫博物院藏

（撰文：王秋菊）

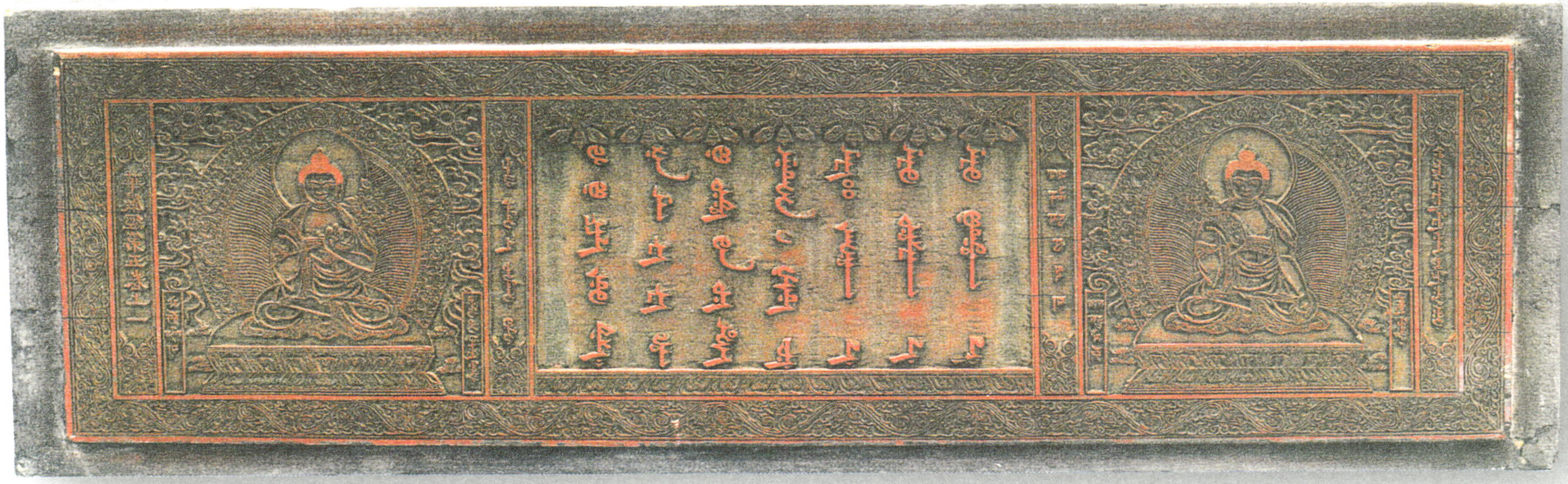

清文翻译全藏经

清乾隆三十七年（1772）至五十九年（1794）清内府刻满文版。版片高20厘米，宽64.3厘米，厚3.5厘米。存42237片，佛画版184片。

《清文翻译全藏经》又称《国语大藏经》，俗称《满文大藏经》，共108函（夹），收佛教典籍699部，2535卷。《满文大藏经》始译于乾隆三十七年，是以蒙文《大藏经》为主兼以汉文、藏、梵文《大藏经》等为底本翻译刊刻而成。高宗弘历命设“清字经馆”于西华门内，章嘉国师董其事，并派皇子、大臣，通晓满文、蒙古文翻译者计96人，将汉文、蒙文、藏文、梵文大藏经翻译成满文，经21年告竣。

《清文翻译全藏经》共刷印12部，今存世两部，故宫博物院与台北故宫合藏一部，西藏布达拉宫收藏一部。

故宫博物院藏

（撰文：王秋菊）

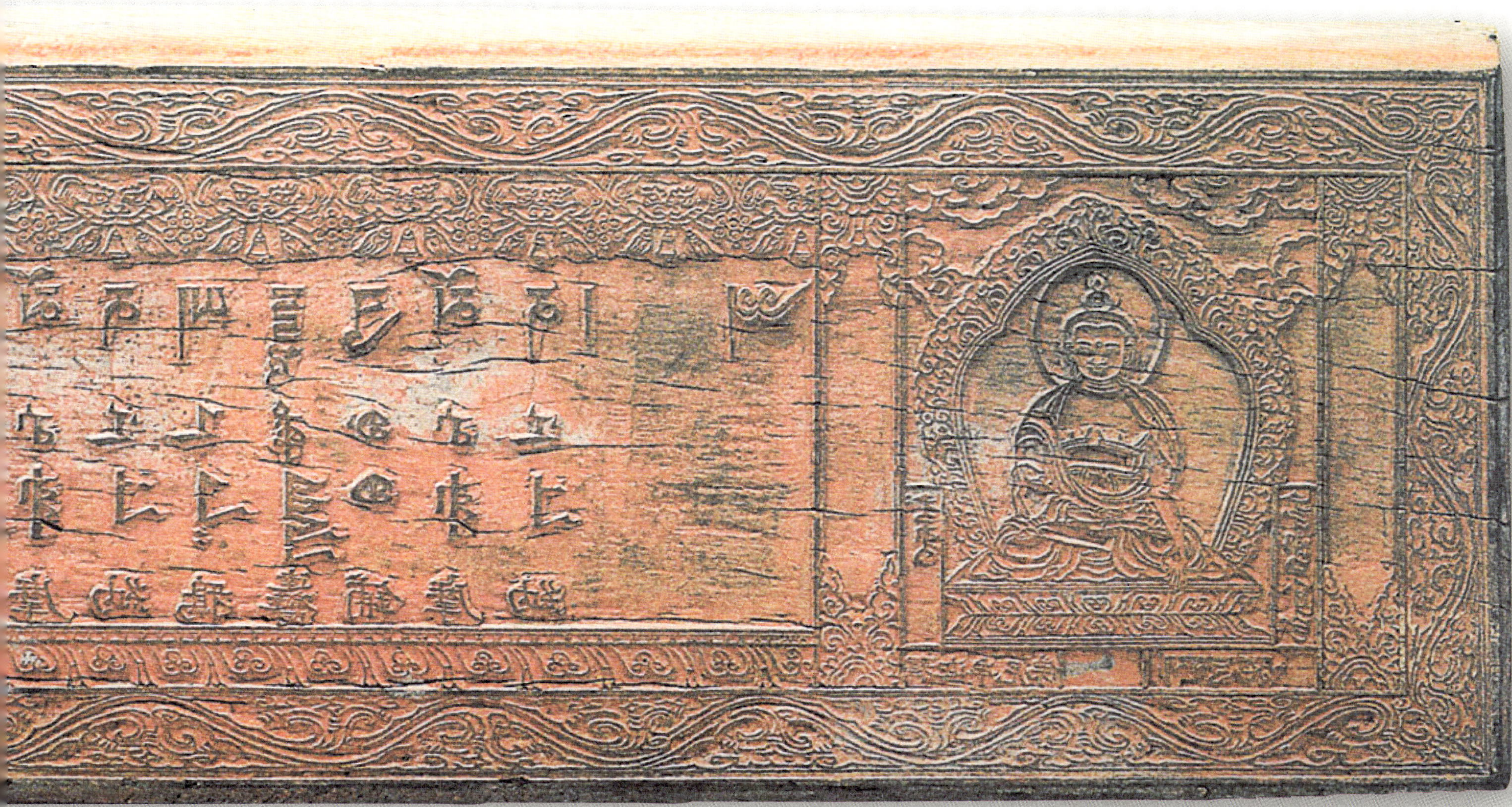

大乘首楞严经

清乾隆二十八年（1763）内府刻藏满蒙汉四体合璧版。木板，凸版。版片高13厘米，宽60.5厘米，厚3.2厘米。存1831片。

此经的译者为般剌蜜帝大师，居广州制止道场，于唐神龙元年（705）从灌顶部中诵出，乌苌国沙门弥伽释迦译语，房融笔受，怀迪证译。清代，章嘉呼图克图等将其译成藏文。

大乘佛教经典，全名《大佛顶如来密因修证了义诸菩萨万行首楞严经》，又名《中印度那烂陀大道场经，于灌顶部录出别行》，简称《楞严经》《首楞严经》《大佛顶经》《大佛顶首楞严经》。中国历代皆视此经为佛教主要经典之一。印顺法师认为它与《圆觉经》《大乘起信论》属于晚期如来藏真常唯心系的作品。由于《楞严经》内容助人智解宇宙真相，古人曾有："自从一读楞严后，不看人间糟粕书！"的诗句。

故宫博物院藏

（撰文：王秋菊）

四、日用雕版

雕版印刷不单用于书籍印刷，在日常生活中亦有广泛使用，内容涵盖极为繁富，林林总总，包罗万象，例如：契约文书、广告单、年画、票据、婚书、信笺、符咒、甲马、冥币、棋牌、装饰画等等，几乎涉及日常生活的每一个方面。如果说，书籍雕版是人类知识传播的重要工具，那么日用雕版更侧重日常生活实用性，例如广告单雕版仅为宣传某一种产品，契约雕版仅印刷某种契约等。这类雕版的印刷品多为单页或数页，少有成册，而且很多都是一次性印刷品，用完即失去作用，比如彩票、票据等，保存时间不会太久。正是因为这样的原因，日用雕版及其印刷品流传下来的非常少，具有重要的研究价值。

官府画押

清光绪年间（1875—1908）刻版。木板，凸版。版片高20厘米，宽14厘米，厚2厘米。双面雕刻，共计17字。

此块雕版上部为圆角，下部约成直角，正面边缘饰几何纹。整个画面由几何纹分割成上下两层结构，上部为楷书汉字“忻州正堂”，表明是由忻州发行的。忻州位于今山西省中北部，自古是晋阳北路门户之地，清代属太原府，雍正二年（1724）升为州，辖定襄县和静乐县。

雕版下层由弦纹分为左中右三部分。左侧为汉字“抽取坐贾药料厘票”。清咸丰三年（1853），政府为筹措军饷镇压太平天国运动，实行厘金税收制度，设厘金所对各市课以百分之一的捐税。百分之一为一厘，故称为“厘金”。在厘金创办初期，各省多由粮台、军需局和筹饷局等机关经理厘金，其后普遍设立专局经理厘金。太平天国运动后，由于咸丰朝严重的财政危机和庞大的军费支出需要，厘金被作为一项经常性税收固定下来。厘金征收与传统田赋、常关的征收别无二致，都是一种默认征收人员获取法外收入为代价的包认制，按其征收对象共分为四大类，即百货厘、盐厘、洋药厘和土药厘。盐厘、洋药厘和土药厘往往附于百货厘征收。雕版下层左侧“药料厘票”，即表明这块雕版印刷的目的是制作药物抽收厘金的凭证。就征收方法而论，厘金征收大体可分为官征与商人包缴两种。官征由厘局沿途设卡，见货抽厘，辅以联票制度以为监督，客商过卡，该卡即查验前局厘票。由这块雕版印出的厘票正是官方征收厘金的监督证据。

下层中间位置占据了整块板子的大部分面积，推测是潦草的两个汉字，较为醒目，是文书签约上用作凭信的草书签名或代替签名的特殊符号。

下层右侧有汉字“光绪　年　月　日”，即表明雕版的年代在清光绪年间（1875—1908）。日期中间空缺，方便临时填写。在咸丰、同治时期，厘金制度逐渐呈现滥设厘卡、中饱私囊等弊端。但由于厘金收入主要用于军饷，各地方官和经理厘金人员都不敢懈怠，中饱私囊也还不太严重。光绪时期，由于已经平定了太平天国运动，各省对于监督抽厘不如之前严格，而且厘局差缺逐渐成为大员酬劳或调剂属员的产物，委派人员已不问其操守如何，弊端逐渐严重。因此，在光绪时期清政府对厘金进行多次整顿，仅国家图书馆收藏的文献就有《光绪十年酌定厘金章程》、光绪二十一年（1895）《更定厘金功过章程》《洋药税厘并征新章》等数十件。另外，列强与清政府出于各种目的，增加关税、裁撤厘金也是这一时期厘金制度变化的重要内容。

附录文：

忻州正堂

抽收坐贾药料厘票

光绪　年　月　日

宋平生先生藏

【参考文献】

（清）窦容邃编纂［乾隆］《忻州志》，清乾隆十二年（1747）刻本。

（清）刘锦藻撰《清朝续文献通考》，浙江古籍出版社影印1921年石印本，2000年。

罗玉东著《中国厘金史》，商务印书馆，1936年。

全国图书馆文献缩微复制中心编《国家图书馆藏清代税收税务档案史料汇编》，全国图书馆文献缩微复制中心，2008年。

（撰文：全凤燕）

捷报

清刻版。木板，凸版。版片高93厘米，宽43厘米，厚3厘米。四周有装饰，正文6行，共68字。

刻版四框有装饰纹，底部中间刻有水纹、龙门，龙门中可见鱼首鱼尾，形成鲤鱼跃龙门图样，寓指金榜题名、出人头地、飞黄腾达之意。龙门两侧刻有莲花缠枝纹，缠枝纹沿刻版两侧向上延伸，寓意连连高升。刻版左右上角各刻有一龙纹，龙首相对，双角、圆眼、张口，雄武有力，并与刻版下方的鱼跃龙门图案遥相呼应。刻版正上方即龙首中间刻有一朵六瓣莲花，莲花正中插三把带璎珞戟，中间为方天戟，左右为青龙戟。

捷报是明清科举考试中第的通知书，用于尽快通知考生和俊秀等相关人员，殿试、会试、乡试、岁考、科考中比较常见，一般都有样版，用纸印刷而成，填上及第者姓名和相关考务官员姓名即可，少数情况也有手写的。此件雕版为清代入国子监的捷报模板，应该是用于印制纸质捷报，极为少见，比较珍贵。从“云南等处承宣布政使司布政使”“督抚两院”来看，可大致推定其年代属于清代。又据《清史稿》卷一〇六《选举志一》云：“例贡与例监相仿，由廪、增、附生或俊秀监生援例报捐贡生者，曰例贡。由俊秀报捐监生者，曰例监。”结合此件中“以隽秀赴省报捐”一句，可知其属于清代“例监”入监的捷报。这是云南等处承宣布政使司布政使为所辖诸州所辖民间俊秀以赴省报捐的形式入国子监而雕刻的。捷报印好之后，在空白处填上俊秀的姓名，以及布政使姓氏。从内容来看，民间俊秀通过报捐，获得当省布政使同意，经都督、巡抚两院许可，奏请礼部、国子监批准，准入国子监学习，并获得候选州左堂即州知府同知的资格。明清监生具有做官资格，通过报捐，以例监入选国子监，实质上等于“纳粟买官”，反映了清代国子监入监混乱，选举伪滥。

附录文：

捷报

贵大新爷印以隽秀赴省报捐。蒙

钦命云南等处承宣布政使司布政使发给监部二照，详请督抚两院宪咨

部注册，准入国子监太学生一员，候选州左堂。荣升。

喜　报　联　升。

宋平生先生藏

【参考文献】

赵尔巽撰《清史稿》，中华书局，1976年。

（撰文：刘畅）

台湾彰化义字营练勇

清台湾彰化义字营练勇刻版。木板，凸版。版片高10厘米，宽10厘米，厚4厘米。

练勇是清代地方武装团练、乡勇的统称。《清史稿·兵制七》：“其考选练勇也，招沿海渔户年壮者充之。”台湾彰化练勇就是台湾彰化当地武装团练。清代台湾团练最早是在康熙六十年（1721）为平定朱一贵事件而由凤山县广东籍移民自发组织的“六堆”。道光二十年（1840），台湾道姚莹主办团练，这是政府首次主办团练。咸丰七年（1857）台湾设立了团练的常设机构，同治十三年（1874）成立了全台团练总局。光绪十年（1884）中法战争爆发时，钦差大臣刘铭传为招募乡勇设立“土勇营”。当时彰化县阿罩雾（台中县雾峰乡）士绅林文钦、林朝栋叔侄俩，各自招募乡勇前来投效。林朝栋招募500土勇，编成土勇礼字营；林文钦招募一营土勇，编成土勇义字营，两营皆按楚军营制训练。楚军属湘军系统，为左宗棠所建，中法战争期间曾大量援台。台湾彰化义字营练勇就是林文钦所率土勇部队。中法战争期间，法军攻打基隆，林文钦和林朝栋率部驰援，林文钦驻台南，后调至通宵。

台湾彰化义字营练勇雕版主要用于印制士兵所属部队标识，推测其是印在衣服上面，以示区别。该雕版为凸版，四周双边，中间有花纹装饰。印版中间竖书“练勇”两个大字，左右两边分别竖书“台湾”“彰化”，上方从左向右书“义字营”三字。这块雕版是清末台湾地方武装积极抗击外来侵略的见证，为研究清末台湾地方武装参与台湾开发、抗击外来侵略等问题提供了珍贵的实物资料。

宋平生先生藏

【参考文献】

黄俊凌、李非凡，《淮军十三营与清末台湾的海防建设及后山开发》，《闽台文化研究》2014年第3期。

许毓良，《清末台湾的防军》，《近代史研究》2007年第3期。

吴鹏超著《中法战争时期的海防战场军事布局研究》，硕士学位论文，2007年。

（撰文：杜春磊）

儿童团袖标

抗日战争时期刻版。木板，凸版。版片高6厘米，宽9厘米，厚1.5厘米。无板框，单版。

这块雕版上面刻有“平顺县豆口编村儿童队”几个字。平顺县位于今天山西省东南部，东临河北，南邻河南。平顺县处于锁钥晋南，联结山区与平原的重要战略地位。民国时期，平顺县属太行区，是晋冀豫边区政府（初为冀太联合办事处）的直辖区。1937年，晋冀鲁豫边区发起了青年运动。1938年3月20日发表的冀豫晋省委《建立太行根据地会议报告》明确指出：“组织儿童团——愈普遍愈好，给他们以适相［当］的训练，同时分配他们具体的工作。”1938年，晋东南地区开始建立青年救国会，将儿童团纳入到青救会组织中去。由此可以大致判断这块雕版应在1937年以后雕刻。儿童团的内部组织较为紊乱，有的划儿童团为单位，下分小队，有的以团、营、连、排划分，有的在班以下还设小队。1940年下半年，儿童团开始实行军事化编制，团下设营、连、排，一个村一般为一个连，十六岁以下的儿童都可以加入。

儿童团是广大儿童进行抗日救国活动的组织，也是儿童接受党的教育和进行自我教育的组织。在边区抗战中，儿童作为群众运动的一支活跃力量，在坚持敌后抗战和根据地建设中发挥了重要作用。儿童团积极动员适龄儿童入学，帮助困难家庭儿童解除后顾之忧，并且通过高唱抗日歌曲、文艺表演的形式将抗日救国政策宣传给普通大众。在抗战时期的边区，儿童团中的上学儿童主动教大人识字念书，还肩负站岗放哨、抗敌锄奸的任务。边区农村到处可见站岗放哨的儿童团员，他们不断地替抗日武装侦探敌情，传送情报。《鸡毛信》的故事，就来源于儿童团传递情报的事实。

由于积极工作，儿童组织取得了大量的成绩，使其成为抗战时期群众运动中不可或缺的重要力量之一，也使人们逐步改变了以往轻视儿童工作的做法，变为积极组织动员儿童团团员参与边区建设的各项事业，充分发挥儿童团的积极性和主动性。

宋平生先生藏

【参考文献】

共青团中央青运史工作指导委员会、中国青少年研究中心、中央档案馆利用部编《中国青年运动历史资料（1938—1940.5）》，中国青年出版社，2002年。

共青团中央青运史工作指导委员会、中国青少年研究中心、中央档案馆利用部编《中国青年运动历史资料（1940.6—1941）》，中国青年出版社，2002年。

太行革命根据地史总编委会编《群众运动》，山西人民出版社，1989年。

齐武著《晋冀鲁豫边区史》，当代中国出版社，1995年。

（撰文：仝凤燕）

军马面巾（杀敌英雄）

抗日战争时期刻版。木板，凸版。版片高10厘米，宽22厘米，厚3厘米。单版，8字。

19世纪末20世纪初，我国备受东西方帝国主义列强的蹂躏和践踏，特别是抗日战争全面爆发后，中华民族遭受了前所未有的深重苦难。但是广大的爱国民众并没有被就此打倒，社会各界纷纷投入到抗日救亡运动中，其中国内纺织业的有识之士，根据自身行业的特点，发起了声势浩大的“抵制日货，使用国货”运动，更有众多厂商纷纷使用含有“爱国”“救国”“抗敌”“英雄”“胜利”等时事政治类的语词作为商标名称，用富有时代特征的图样，警示人们勿忘国耻，英勇抗敌，鼓励人们热爱和平，以实际行动投入到爱国运动中，反映了国民的爱国赤子之心。

“杀敌英雄”军马面巾刻版，推测为抗日战争时期晋察冀地区所制，长方形，单版多色。版面上方用楷书刻“杀敌英雄”，为产品品牌，体现了当时的社会政治背景和杀敌救国的爱国主义主题。左侧自上而下用黑体刻“军马”，右侧自上而下用黑体刻“面巾”。版面中间刻有一个手持刺刀站立的战士和一匹膘肥体壮的战马所组成的商标图样，战士与战马相视而望，充满了革命的豪情与斗志，仿佛时刻准备着为祖国而战，反映了抗战时期的社会背景和时代特征。

宋平生先生藏

【参考文献】

左旭初著《民国纺织品商标》，东华大学出版社，2006年。

左旭初著《中国近代商标简史》，学林出版社，2003年。

（撰文：岳小艺）

水票

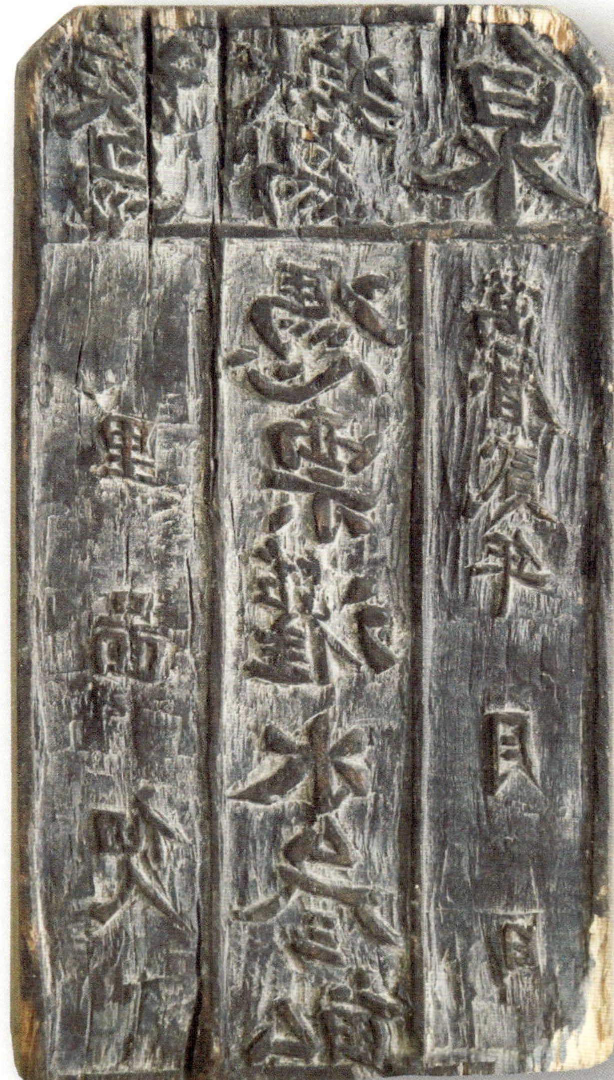

明万历二年（1574）刻版。木板，凸版。版片高15厘米，宽8厘米，厚5厘米。

鸑鷟是传说中凤凰一族的神鸟，鸑鷟泉即位于山西介休的洪山泉。古时洪山民众求雨之时，有凤鸟落下，连叫三声即展翅飞去，人们在凤鸟落过的地方挖出了泉水，洪山泉由此而来。在《山海经》与《水经注》中，称洪山泉为胜水。

从明代开始，介休人口呈不断上升之势，人地比例紧张，区域内用水需求激增。万历时期已不能按地亩多少实行灌水，只能施以定额，此块雕版便诞生在当时的历史背景下。

宋平生先生藏

【参考文献】

张俊峰，《明清时期介休水案与“泉域社会”分析》，《中国社会经济史研究》2006 年第1期。

（撰文：陈爽）

宣统股票

清宣统年间（1909—1912）刻版。木板，凸版。版片高16厘米，宽13.5厘米，厚2厘米。

版片上刻“股票　忻县杨胡村镇农业协作社认垫股　本大洋　圆　作为　股此证　经理人　宣统　年　月　日”

股票是社会化大生产的产物，距今已有近四百年的历史。它最早活跃于17世纪末叶的西方，后传入我国。清同治十一年（1872），清朝廷批准李鸿章奏折，中国近代第一家轮船公司——轮船招商局在上海成立，并且在当月公开向社会发行了股票，这是我国历史上发行的第一张股票。我国最早的股份公司，成立于1920年7月1日，是由孙中山先生与沪商虞洽卿倡议创立的上海证券交易所。

宋平生先生藏

【参考文献】

孙大圣，《股票历史知多少》，《投资与理财》2011年第2期。

（撰文：陈爽）

同治钱庄执照

清同治年间（1856—1875）刻版。木板，凸版。版片高28厘米，宽11厘米，厚3厘米。

钱庄亦称钱铺、钱店、银号。早期钱庄的业务主要是从事银两和制钱的兑换。乾隆后期，钱庄在银钱兑换业的基础上，发展成为信贷活动的机构。到19世纪四五十年代，钱庄具备了承担信贷机构的职能和力量，流行于商品经济比较发达的通商口岸。

宋平生先生藏

【参考文献】

张国辉著《晚清钱庄和票号研究》，社会科学文献出版社，2007年。

（撰文：陈爽）

“麒麟送子”封面

木版，凸版。版片高21厘米，宽8厘米，厚1厘米。

麒麟信仰由来已久，周时麒麟居“五灵”（麟、凤、龟、龙、白虎）之首，秦汉时麒麟成为至高无上的神兽、仁兽。《说文解字》称“麒麟，仁兽也，麋身，牛尾，一角”。刘向《说苑》卷十八称麒麟“含仁怀义，音中律吕，行步中规，折旋中矩，择土而践，位干然后处，不群居，不旅行，纷兮其有质文也，幽闲则循循如也，动则有仪容”。由此可知，在古人眼中，麒麟含仁怀义，性温良，有武备而不为害，行为中规中矩。而“麒麟送子”历来是我国民间乐于选取的传统题材。在汉族神话传说中，麒麟为仁兽，是吉祥的象征，能为人带来子嗣。这一传说始于王嘉的《拾遗记》，相传孔子诞生前夕，有麒麟将一册玉书衔至孔家，上书“水精之子孙，衰周而素王”，意为孔子是继承周室水德之人，是不居王位的君王。这一传说后来逐步演化为民间张贴“麒麟送子”图的传统，以祈求多子多福、子孙贤达。

本雕版被用于印制长方形文书的封面，多用于民间借据。本版可分为上下两个区域。下部为“麒麟送子”：一童子斜坐在麒麟上，童子有刘海，双目大而有神，身穿长裤长靴，系腰带，一手佩戴手镯，双手持一净瓶，瓶内装有一株开花植物，花朵硕大。麒麟圆目张口，遍身鳞甲，呈回首状，气势宏伟，威武雄壮。印版上部两侧刻有一龙一凤，龙凤相望，龙凤之间是两个中空的圆环图案。边框为简单的方形框，较宽。此版刻画精细，构图合理，简繁得当。在古代，许多具有法律效力的契约类文书多为经折装，封面印以纹饰、图案，内容则由手写而成。作为封面印版，此版还具有很强的适用性、通用性，以印版印制封面结束后，可根据不同情境下的具体需要，临时在纸上的两个空白圆环处手写该契约的具体名称，如“借据”“收据”“田契”“执照”等，因而使其能适用于更多的领域，这也使该封面更为畅销。笔者推测，该版应为清朝雕版。

宋平生先生藏

【参考文献】

（汉）刘向著《说苑》，北京大学出版社，2009年。

（汉）许慎著《说文解字》，中华书局，2013年。

（前秦）王嘉等著《拾遗记》，上海古籍出版社，2012年。

（撰文：刘化刚）

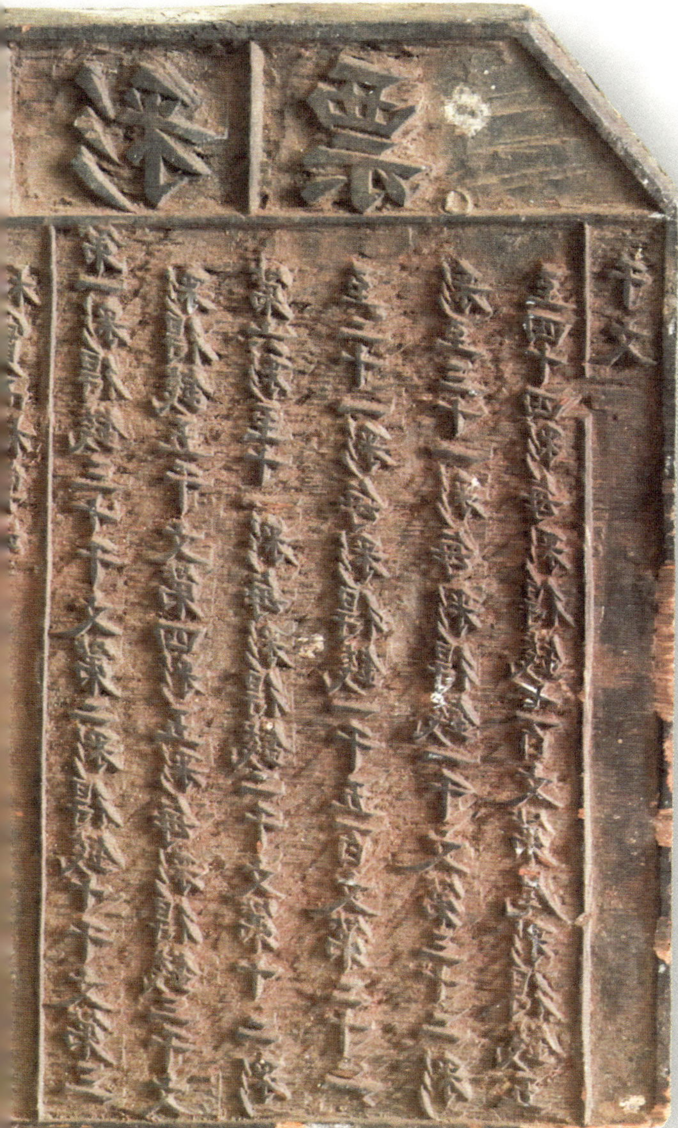

清大江西捐建坊彩票

清光绪三十三年（1907）云南大理大江西村刻版。木板，凸版。版片高22厘米，宽55厘米，厚3厘米。单版，29行，行13字。

彩票是一种以筹集资金为目的发行的，印有号码、图形、文字、面值，由购买人自愿按一定规则购买并确定是否获取奖励的凭证。19世纪60年代传入的吕宋票是目前所知中国近代最早的彩票。吕宋票即菲律宾彩票，它是西班牙在其殖民地菲律宾发行的一种大型彩票。1899年，中国官方正式批准发行了第一种大型彩票——江南义赈票，开启了中国本土化彩票先河，此后彩票风靡全国，各地方政府、民间都以各种名义组织销售彩票。

本雕版是清光绪三十三年（1907）云南大理大江西村为在灵通庙内修建牌坊筹集资金而发行彩票的雕版。该版分为两个部分，最左侧为彩票存照，右边即为彩票。彩票存照最左侧竖书“第　号　住”，右边竖书“彩票存照第　号”。彩票正上方从左向右书写“大江西捐建坊彩票”，为彩票名称。彩票内容共十二栏，分为四个小部分，从左第一部分是彩票号、注数，占一栏，内容与彩票存照相一致，竖书“第　号 住”，可填写彩票号码和所下注数。第二部分占三栏，为发行彩票缘由，第一栏竖书“拟建坊彩票事启”，第二栏较宽，内容大意为：大江西村为在庙内建坊募集资金而发行彩票，购彩票可以中奖，不中奖也可累积功德，得到神灵护佑。第三栏竖书“谅列台不以斯言为河汉也，谨启”，意思是讲“彩票兑奖只认彩票，空口无凭，无法兑奖”。第三部分为“开办彩票章程”，就是发行彩票的具体办法，有发行彩票数量、面值、彩金分配方案、开彩时间、地点等内容。这次彩票拟售得彩金150千文，其中100千文出彩，20千文提作功德，15千文为售彩者酬劳，余下钱为开办彩票费用。彩票的开彩地点在灵通庙内，时间为光绪三十三年九月某日。从内容可以发现有“屈期在灵通庙内照历次办法……”说明大江西村曾多次发行彩票。最后一部分占两栏，为彩票中奖等级及相应奖金。通过该雕版我们可以看出，清末中国彩票可谓风行至极，云南大理一个村就多次筹办发行彩票。本雕版对于研究清末民间彩票、民间融资、民间公益等社会问题都有极其重要的意义。

附录文：

大江西捐建坊彩票

第　　号　　住

彩票存照第　　号

第　　号　　住

拟建坊彩票事启。盖闻涓涓之水可成江河，荧荧之炎可成赤壁。兹我大江西村人等将建坊于庙内，欲兴工而款费难筹，故为此积少成多之举，仰望仁人君子前来凑贺购买彩票，以全善果。异日中彩得利数倍，及不中彩而阴骘自存，神灵自然护佑。谅列台不以斯言为河汉也，谨启。

开办彩票章程：

一、拟定售彩三百张，每张售足钱五百文，共售合钱一百五十千文，以一百千文出彩，以二十千文提作功德，以十五千文摊作代销彩票者酬钱，以十五千文作一切办彩费用，惟销票至十张者酬钱五百文，多则照加；

一、开彩议定在灵通庙，将来中彩之钱系于灵通庙内，认明号码，当面领取，如有涂改号码等弊，不得领钱；

一、现定光绪三十三年九月　日开彩，屈期在灵通庙内照历次办法，用瞽目二人当众对拈，以昭核实而杜弊端。第一彩得钱三十千文，第二彩得钱十千文，第三彩得钱五千文，第四彩、五彩，每彩得钱三千文，第六彩至十一彩，每彩得钱二千文，第十二彩至二十一彩，每彩得钱一千五百文，第二十二彩至三十一彩，每彩得钱一千文，第三十二彩至四十四彩，每彩得钱七百文，第尾彩得钱五千文。

宋平生先生藏

【参考文献】

闵杰，《论清末彩票》，《近代史研究》，2000年第4期。

苏全有、王世超，《清末彩票热成因探析》，《周口师范学院学报》2014年1月第1期。

（撰文：杜春磊）

糕点广告

民国刻版。木板，凸版。版片高14厘米，宽10厘米，厚3厘米。单版，双面雕刻。

古代广告的完整版式，自上而下由立冠、平目、齐身、落足四个层次构成。立冠是商家的特有标识或通用标识，平目多印店铺名称，齐身图文并茂，为广告宣传的重心，落足与立冠遥相呼应，强化对商品的介绍。

晚清、民国时的食品包装，多用粗草纸包成斧头状，称为“斧头包”。雕版食品商标广告，附于斧头包之上，所印内容比较丰富，有商品名称、经营范围、商号地址、广告语、商标图记等，有的还有用于美化的图示。因斧头包是长方状，故仿单亦设计成长方形。民国时期许多商品生产大都出自手工作坊，不少商店、字号实行前店后坊，商标的印制并不十分精美。

此广告版立冠部分为双旗图案。平目部分为店铺名号“聚丰”及店铺所在的位置，“晋城”“巴公”，两边饰有花朵图案。晋城位于山西省东南部，太行山南端，为三晋大地通向中原的要冲，史称“河东屏翰，冀南雄镇”。晋城古称泽州，1912年废泽州府，设立凤台县，1914年凤台县改称晋城县。巴公镇位于县城北部，是晋城县古镇之一。巴公向有“过路财神”之称，来往商贾甚多，旧有商业店铺百余家。

商品名称部分设计为活动版块，一面刻“南式点心”，另一面刻“中秋月饼”，可根据需要变换使用。齐身部分为三栏式，一栏文字，两栏图案，左右两栏为花瓶样式，瓶中插有花朵，分别为梅花和兰花图样。落足部分雕有一些装饰纹样，两端为方胜图案，中间为三角形和圆形几何图案，质朴典雅。

宋平生先生藏

【参考文献】

钱永兴著《民间日用雕版印刷品图志》，广陵书社，2010年。

秦海轩主编《晋城解放以来纪事》，北岳文艺出版社，2009年。

晋城县志编纂委员会编《晋城县志》，山西古籍出版社，1999年。

吕国庆，《牺盟会——统战光辉典范组织》，《中国统一战线》2005年第2期。

（撰文：赵婷）

云华裕鞋店

民国刻版。木板，凸版。版片长27.5厘米，宽28厘米，厚3厘米。单版，10行，75字。

“云华裕”鞋店广告刻版，推测为民国初期所制，字体皆为楷书，结体方正，点画浑厚圆润。刻版上方梯形部分为店名“云华裕”。下方长方形部分为广告内容，自左往右文字为“本斋专做改良时款靴鞋、七拉海式皂鞋、各样坤皮靴鞋，一应俱全，精工选料，不惜资本，货真价实，言无二价，与众不同，赐顾者详认金鱼为记，开设在锦什坊街北口，路东便是。”店名下面有金鱼店标，并刻“金鱼为记”。广告交代了云华裕鞋店所售鞋类的款式、店标及地理位置。

云华裕所售以改良的时款女鞋为主，如七拉海式皂鞋、坤皮靴鞋。清末民初，民间女子仍流行缠足，俗称“三寸金莲”。缠足妇女脚成弓形，其所穿鞋子称为“弓鞋”，前端尖，后部圆。弓鞋样式很多，如网子鞋、尖口鞋、凤头鞋、坤鞋、皂鞋、一片瓦等。其中坤鞋出现于清末，盛行于民国初年，初兴时用木底，后改为布底或皮革底。皂鞋的出现稍晚于坤鞋，“鞋脸极浅，口作尖形，帮形如柳叶，色尚青，故称皂鞋”。随着缠足的废止，这种鞋样也逐渐淡出了女性的生活。锦什坊街位于今北京市西城区中部，《顺天府志》称：“元于平则门内置金城坊，明因之。今锦什坊街，南接闹市口，北抵平则门，疑即金城坊街之讹。”

云华裕雕版显著的特点之一是其金鱼标志。“鱼”谐音为“余”，古时人们用“鱼”表示“年年有余”的吉祥之意，象征着人财两旺，生活一年更比一年好。据有关史料记载，金鱼因其色彩绚丽、体态优美、品种繁多，深受人们的喜爱。民国时期使用金鱼作为商标图样的很多，如上海泰隆袜厂注册使用有“金鱼”牌各种线袜等。鱼类商标图样除金鱼类之外按照表现内容还有鲤鱼类和其他装饰鱼类。

宋平生先生藏

【参考文献】

左旭初著《民国纺织品商标》，东华大学出版社，2006年。

左旭初著《中国商标史话》，百花文艺出版社，2002年。

高洪兴著《缠足史》，上海文艺出版社，2007年。

（撰文：徐慧子）

茶店广告

清刻版。木板，凸版。版片高24厘米，宽30厘米，厚2厘米。四周刻花朵纹样，单版，28字。

茶店广告刻版，推测为清代刻版，长方形，楷书。刻版中间四个大字为“义源茶店”。店名中间自上而下刻有“上上　香片”四字，香片即花茶，表明义源茶店所售茶叶类型为上等花茶。刻版四个边角各有四个小字，依次为“博”“野”“城”“内”，即茶店的地理位置。四周为缠绕盛开的花朵纹样，暗合了香片制作的基本材料——鲜花。纹样中间皆有四字广告语，左侧为“货真价实”，右侧为“言不二价”，上方为“童叟无欺”，下方为“底面无二”，强调茶店为诚信经营，不掺假不欺客，亦不讲价。此版曾被用作案板，表面经水多次冲洗而变得光滑。

香片，清代徐珂《清稗类钞·饮食类》中载：“茶叶用茉莉花拌和而窨（同“熏”）藏之，以取芳香者，谓之香片。”古人煮茶有时会投放含香味的材料来调剂茶味，花茶制作即在此基础上发展演变而来。除茉莉花外，也有用玫瑰等其他鲜花作为材料的，明代屠隆《考槃余事》记载：“木樨、玫瑰、蔷薇、兰蕙、橘花、栀子、木香、梅花，皆可作茶。诸花开时，摘其半含半放、蕊之香气全者，量其茶之多少，摘花为伴。花多则太香而脱茶韵，花少则不香而不尽美。三停茶叶一停花，始称。”制法讲究，香片的清芬雅致从中萦绕而来。清代，北方如北京、天津，南方如福建、广东等地，香片更加盛行，虽然“《群芳谱》云：‘上好细茶，忌用花香，反夺真味。’是香片在茶中，实非上品也。然京、津、闽人皆嗜饮之”（《清稗类钞》），客观地反映了当时饮香片的情况，尤其是茉莉香片，成为最重要的花茶品种。直至今天，花茶仍是人们生活中十分喜爱的茶叶品种之一，芬芳馥郁，甘醇怡人。

宋平生先生藏

【参考文献】

（明）屠隆著《考槃余事》，浙江人民美术出版社，2011年。

（清）徐珂编撰《清稗类钞》，中华书局，2010年。

（撰文：岳小艺）

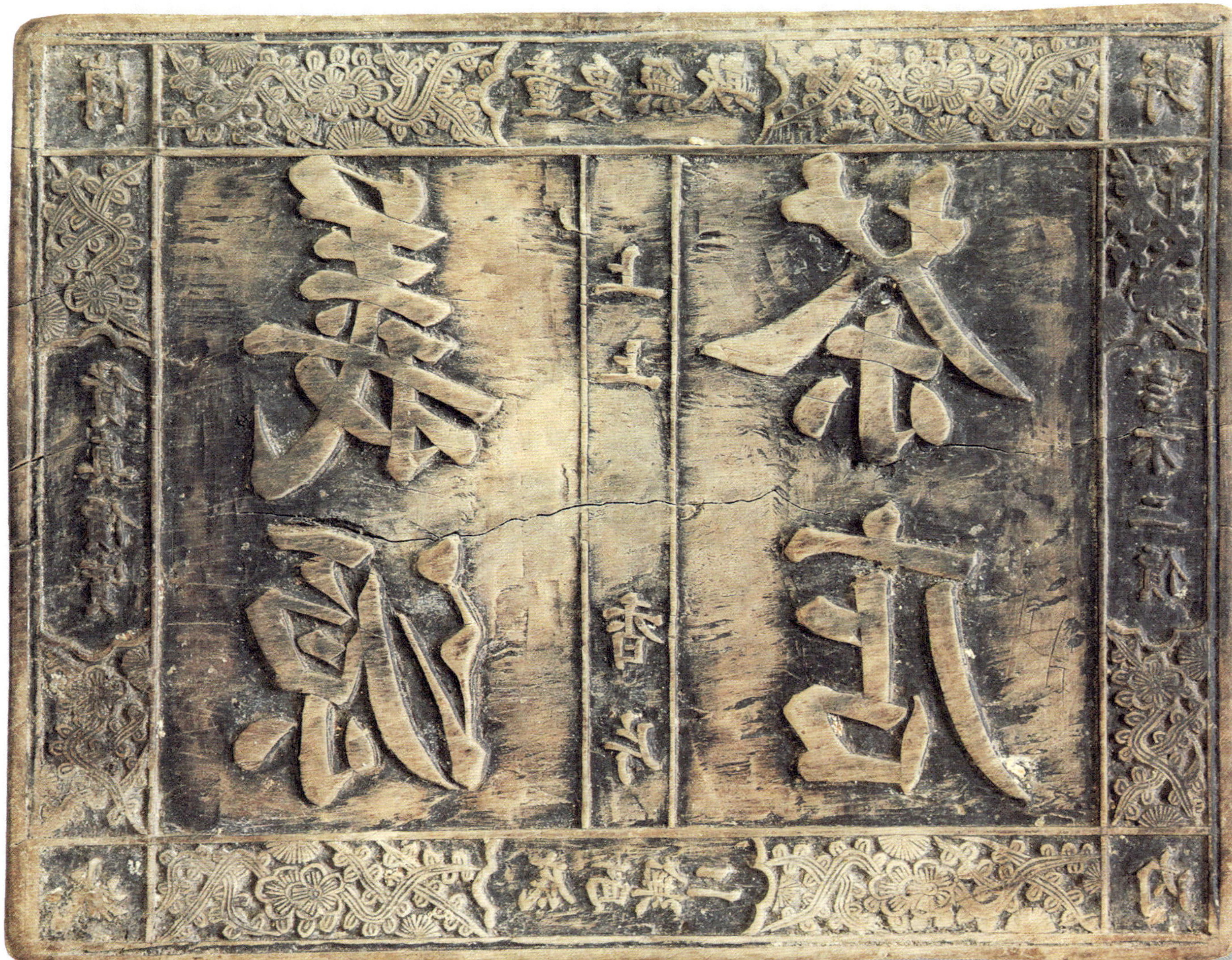

仁和药店广告

清刻版。木板，凸版，扇形。版片高8厘米，最宽处13厘米，厚3厘米。单版，1横行，5纵行。

随着雕版印刷的兴起和商业的发展，中国古代商人运用雕版印刷的方法，印制出大量实用美观的宣传品，从最初的小戳记、标识开始，到后来的“裹贴”、仿单等，广而告之。我国现存最早的印刷广告，是北宋时期“济南刘家功夫针铺”的铜版印刷广告。元代的商家经常把广告印在包装纸上。晚清、民国雕版印刷的广告主要有商品包装、仿单、店铺印戳。店铺印戳一般采用盖印的方式，而仿单、商品包装多采用刷印的方式。店铺商标，除普通的圆形、方形、长方形之外，还有一些别具一格的造型。传统的广告印版很多时候是重文轻图的，明了简洁，规整统一。上部位置突出字号名称，下部陈述性的文字一般密布于整个版面。

此版造型为扇形，药铺标牌兼具广告用途，造型独特，四周刻印有回纹栏框。整个栏框之内的最上部为单行横框，横框中刻有店铺名号“仁和药店”，两边竖书店铺所在地，“武邑”“北王”，武邑为河北衡水下辖县。据史志记载，武邑夏朝时称“武罗国，商因之，战国属赵，秦属钜鹿郡，汉改置武邑县，与观津、东昌并隶信都”。从汉高祖五年（前202）置县，已经历两千余年。

横框下方为竖排六行文字，每行五字，最后一行为四字和一方小印。

录文如下：

发兑南北川广云，道地生熟药材，尊古炮制，货真价实，不折不扣，童瘦（叟）不期（欺）。”

宋平生先生藏

【参考文献】

钱永兴著《民间日用雕版印刷品图志》，广陵书社，2010年。

范伟，《中国古代印刷广告的版面初探》，《艺术与设计（理论）》2008年第2期。

李根旺主编《武邑县志》，方志出版社，1998年。

（撰文：赵婷）

鹤龄堂广告

民国刻版。木板，凸版。版片高14厘米，宽15厘米，厚2.5厘米。单版。

民国时期，广告越来越多地出现在人们的生活之中，纺织、造纸、印刷、运输、机械、保险、银行、博彩、烟酒茶糖、日用百货、医药等广告充斥市场，彩色手绘、雕版套色、石印等五花八门。这块医药广告雕版以羚羊图像做宣传，内容简单，直接表达了药材来源，使读者在短时间内对产品留下印象。

“京都鹤龄堂”表明这版广告是民国时期北平地区的医药商，雕版上没有刻出分号地址，可能当时的鹤龄堂“只此一家，别无分号”。这块雕版制作的是仿单广告，这类广告内容以中药和茶叶使用最多。民国时期北平的中药铺包草药，一般是每味药独立包装，然后用大包装包起来，这种大包装纸上会印有店铺的名称。

附录文：

京都鹤龄堂，铺在齐□门外，鸡□□□。

麢羊，俗作羚羊，夜宿防患，以角挂树。角内有木胎，弯中有深痕为真。

羚羊角，味苦咸，性微寒，清肺益气，平肝明目，碎鬼邪以疗惊痫，除伏热而解疮毒。

迩时，物因稀贵恐伪乱真，特绘此图以便鉴准。

出在建平宜都，□□西域□□。

宋平生先生藏

【参考文献】

林传甲编纂《大中华京兆地理志》，北京武学书馆，1919年。

许俊基主编《中国广告史》，中国传媒大学出版社，2006年

（撰文：李周）

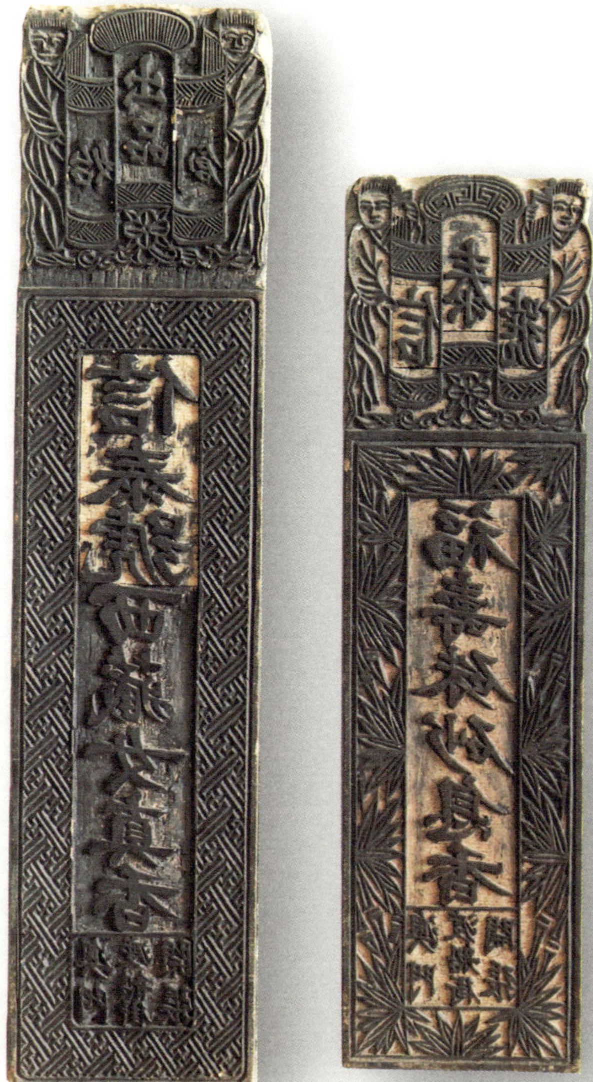

信泰号广告

木板，凸版。一片高24厘米，宽5.5厘米，厚1.5厘米；一片高20厘米，宽5厘米，厚2厘米。存两片。

版片上分别刻“始创出品　信泰号西藏女真香　澳门渡船街开张”和“信泰号　福寿硃砂息香　澳门渡船街开张”。信泰号是王海山与友人于光绪二十五年（1899）在汕头开设的专门经营香港药材的商铺。20世纪20年代末，“信泰号”已有资本100万元以上，在药材行业中首屈一指，其经营范围遍及广州、香港、上海、天津、汉口、青岛、营口等地，享有“七港齐”之称，同时还代理朝鲜高丽参。雕版上所刻“信泰号”极有可能就是王海山经营的信泰号。

藏香为西藏敬神、拜佛的必备信物。藏香一能驱除污浊，净化空气；二能沁入心肺，理气解郁，通经醒脑；三能活血止痛。对西藏佛教徒而言，藏香连接着尘世和天界。

澳门莲溪水道设有小艇停泊处，众多渡船穿梭来往。街道建成后，人们遂称此处为渡船街。1869年，澳葡政府公布该街名称，葡语Rua da Barca，意即船街。

宋平生先生藏

【参考文献】

陈楚金，《四永一升平 老汕头的殷实之地》，《汕头特区晚报》2012年11月9日第六版。

佟丽，《敏珠林寺的藏香》，《民族团结》1994年第2期。

（撰文：陈爽）

华民利光肥皂

民国刻版。木板，凹版。版片高5.5厘米，宽14厘米，厚3厘米。

我国古代很早就知道草木灰中含有碱质，能洗去衣服上的污垢，并用这种草木灰水来洗涤衣服等织物，除此以外还用皂荚、天然碱等作洗涤用品。以后也有用猪胰及猪油与天然碱捣合后制成胰子。

至20世纪初我国才建立了以油脂和碱做原料的肥皂工业。我国的第一家制皂厂是1903年建立的天津造胰厂，继而开设的有上海、五洲、南阳、亨利、鼎丰、裕华和中国化学工业社等20多个肥皂厂。

在肥皂皂体上印上商标是肥皂生产的一个重要步骤。早期肥皂印模普遍用硬木雕刻而成，也有用铜印的。手工给肥皂打印商标时，最简单的是用一个木框，大小和肥皂相同，里面备好两块印模，把肥皂放在两块印模的中间，从上面用榔锤捶打，肥皂就可以上印，不过这样费时费力。随着机械化程度的提高，手工打印逐渐为机器打印所取代。机器打印时，打印机下设压槽，顶和底各装一皂模。开始打印时，压槽的上盖压下，压皂成型；随即升起，槽底也同时顶上，使皂易于取去。机旁备有清水，随时用毛刷蘸水刷清模中黏住的皂屑。

此版片平均分为左右两部分，左边正中刻中文商标“华民利光香皂”，右正中刻英文商标“HUAMINLI SOAP”。

宋平生先生藏

【参考文献】

宋荫铭编著《手工制皂》，中华书局，1951年。

吴宗济、沈子丞、华树照编《做肥皂图说》，中华书局，1951年。

金建忠主编《制皂工艺》，中国轻工业出版社，2001年。

（撰文：赵婷）

三义楼首饰店

清刻版。木板，凸版。版片高14厘米，宽11厘米，厚2.5厘米。单版，61字。

刻版上方为首饰店铺名“京都　三义楼”，表明为清代京城的一家首饰店。正文为：“本铺开设正阳门外鲜鱼口南边路东，自造三合铜簪镯首饰，永不改色。如若改色，管保来回（换）。所造知（之）物与众不同，货真价实，言不二价，铗剪为记。”介绍了店铺的位置、所售首饰种类及经营承诺。右下角刻制作首饰的工具“铗剪”作为店标。

三义楼位于正阳门外鲜鱼口，这一带的商业有悠久的历史。正阳门位于天安门广场南端，建于明永乐十七年（1419），是明清北京内城的正南门，因其位于皇城的正前方，俗称“前门”。正阳门所处地理位置优越，四通八达，早在元明时期，这里便已然是繁华的商贸中心。至清代，据乾隆五十六年（1791）五月御书《正阳桥疏渠记》载：“正阳门外之石衢抵正阳桥，桥之左右，市廛栉比，允帝王都会万方辐辏之綦也。”可见正阳门市井之繁华。正阳门一带商业的发展，一方面得益于社会经济水平的提升，另一方面由于清朝政府下令“内城逼近宫阙，禁止开设戏园、会馆、妓院”，内城由满族八旗居住，而将汉人及市肆、娱乐场所等一律迁往外城，从客观上促进了位于内外城交界处的正阳门大街一带的商业繁荣。特别是清末在正阳门城楼东西两侧建成京奉线、京汉线的火车站之后，前门大街百货商店鳞次栉比，游人接踵比肩，车水马龙，使得这一区域成为闻名于世的商业贸易中心。

宋平生先生藏

【参考文献】

北京市正阳门管理处编撰《北京正阳门》，北京燕山出版社，2009年。

北京市正阳门管理处编著《巍巍正阳》，北京燕山出版社，2014年。

（撰文：李周）

烟标

民国刻版。木板，凸版。版片高7厘米，宽12厘米，厚2.5厘米。

烟标是烟草制品的商品标志。烟标除了具有商标的作用以外，它还是烟草业的一种专用包装物。烟标主要由牌名和图案组成。每种烟标的牌名和图案都反映了当时的社会现象。

此烟标印版右边刻有香烟牌名“光华牌”，图案为山峦图案，山峦图案上方刻有“启”字，为印制好之后香烟包装的开启处，“启”字周边刻有纹饰点缀。左上角刻有太阳图案，中间斜出一行，上刻“光华香烟草公司”，斜行下角刻“物美价廉”四字。烟标的右边和中间竖行，刻有阿拉伯数字“10”，和大写英文单词“CIGARETTES”，意为十只装香烟包装。

宋平生先生藏

【参考文献】

戎国荣著《烟标收藏与鉴赏》，上海科学技术出版社，2004年。

黄玉涛著《民国时期广告研究》，厦门大学出版社，2009年。

（撰文：赵婷）

兄弟牌商标广告

民国刻版。木板，凸版。版片高24厘米，宽21厘米，厚3厘米。

南洋兄弟烟草公司于1905年在香港创立，创办人简照南是日本华侨。由于缺乏技术与经验，并受到英美烟草公司的竞争与打击，1908年即以资本亏蚀殆尽而歇业。以后得到他的叔父越南华侨简铭石的支援，1909年重新复业，两年后转亏为盈。1916年在上海设厂，接着分支机构遍设全国各大城市及南洋群岛一带。1918年企业改组为有限公司，向北洋政府注册。企业的中心由香港移至上海。在这一时期，南洋的最大竞争者英美烟草公司曾三次企图吞并它。从1927年起由于中外卷烟业竞争加剧、税捐逐年加重，南洋营业开始下滑。到了1937年，由于企业管理腐败与简氏家族内部矛盾的加剧，企业已临于奄奄一息的境地，宋子文官僚资本集团便乘虚而入。从1937年到全国解放为止，大约12年的时间里，南洋在官僚资本集团的控制下，进行投机倒把、套购外汇、囤积原料、搜刮资财，甚至在抗战胜利以后，借宋子文集团的政治力量，抢夺机器设备，与英美烟草公司在分配原料与销售上进行分工合作。1949年6月实行军事监管，才使这个民族资本企业恢复了生命。1951年2月实行公私合营。

20世纪初，中国民族工业已初具规模。为了生存和发展，民族工商业必须与帝国主义和买办资产阶级进行抗争，广告是其手段之一。许多进步报刊主动刊登国货广告，抵制洋货广告。不少广告显示出鲜明的民族性。

当时广告宣传最成功的外国企业是英美烟公司。英美烟草公司迅速发展的同时，中国民族卷烟厂也不甘落后。民族卷烟业规模最大的是南洋兄弟烟草公司，他们生产包括“双喜”“飞船”等品牌的香烟。南洋兄弟烟草公司的迅速发展挑战了英美烟公司的市场地位，导致激烈的广告大战。在解放前的一个小卷烟厂，少则六七个、八九个商标，多则二三十个商标品牌。其目的是：用多种商标，来区别卷烟质量等级，或者用新商标去推广介绍卷烟新产品，也有用较多商标去开展市场竞争等等。当时，南洋兄弟烟草公司旗下包括“兄弟牌”在内的注册商标多达百余种，可见竞争之激烈。

此版片形状不规则，上端刻有兄弟牌三字，中间刻有两兄弟手执旗帜的图样，下端刻有商标二字，从大小和样式判断，为“兄弟牌商标”产品广告或招贴画印版。

宋平生先生藏

【参考文献】

黄玉涛著《民国时期广告研究》，厦门大学出版社，2009年。

中国科学院上海经济研究所、上海社会科学院经济研究所编《南洋兄弟烟草公司史料》，上海人民出版社，1960年。

左旭初编著《老商标》，上海画报出版社，1999年。

（撰文：赵婷）

指日龙门

木版，凸版。版片高21.5厘米，宽11厘米，厚3厘米。

“鲤鱼跃龙门”是我国民间传说之一，指越过龙门的鲤鱼可以脱胎换骨、变化为龙。“龙门”位于山西省河津市西北与陕西省韩城市北部的交界处，地处黄河晋陕峡谷的南端出口。龙门又名“禹门口”。《水经注》载：“龙门为禹所凿。”滚滚黄河南流入谷，峡谷两岸峭壁林立，曲折回环，越近龙门水道越窄，龙门东西两山夹峙，东为看鹤台，西为治梁山，惊涛怒浪，水石相激,雷霆万钧。《河津县志》载：“三月鲤鱼则上渡龙门，得济为龙，否则点额而还。”此语有时也用于鼓励人迎难而上、坚持不懈。

本印版被用于印制儿童练习簿封面，长方形。印版正上方为双层沿的匾额，自左向右书有“指日龙门”四字，四字均是反字，隶书，笔力雄健，圆润美观。印版中下部为一副版画，画面中央为一名童子和一名青年官员，童子胸前印有同心多边形图案，手握腰带，回首仰望青年官员，官员头戴乌纱帽，面目祥和清秀，胸前有补子，应为官袍，双手作揖，下摆饰以水浪、水脚，是清朝官员的形象。二人脚下是斜纹地板，身后三面有窗，窗上有帘，窗外各有一株花卉。题词“指日龙门”化用了“指日可待”“鲤鱼跃龙门”两语，意在劝勉儿童饱读诗书，日后定能高中进士，成为光耀门楣的朝廷命官。

宋平生先生藏

【参考文献】

（北魏）郦道元撰《水经注》，浙江古籍出版社，2013年。

（明）李侃纂［成化］《山西通志》，1933年影抄明成化十一年（1475）刻本。

（清）茅丕熙修《河津县志》十四卷卷首一卷，清光绪六年（1880）刻本。

（撰文：刘化刚）

象棋

木板。版片高8厘米，宽30厘米，厚2厘米。共刻52字，凸版刻18字，凹版刻34字。

板凹刻棋子34枚，为4“将”、4“士”、4“象”、4“马”、4“炮”、4“车”、8“兵”、1“巧”、1“夺”。与现代中国象棋相比，多2个“将”和“巧”“夺”子。版中央有一行凸刻，刻有10个“星”字、“龙邑王家裕顺星记”字样，中间间隔刻有两人物和一个花瓶。两人物立眉冲冠、腰间挎长刀；花瓶饰有寿字纹，顶部插花。

一般认为象棋源于中国战国时期的六博戏，经由塞戏、北周象戏、唐代象戏的发展过程，到宋代基本定型。南宋诗人刘克庄曾作五言古诗《象弈一首呈叶潜仲》，诗中描绘的棋盘、棋子的形式和着法与现代基本相同。

象棋棋具的发展与所制造时代的社会工艺水平、制造水平、文化流变有着密切的关系，是其社会风俗、风貌的凝聚和结晶。六博棋流行于秦汉时期，棋盘一般为石或木制，棋子则多为骨质、象牙、玉等，材质全部利用自然之物简单加工而成。工艺上出现切削、钻、刻等，也有漆绘工艺出现。

唐代出现的宝应象戏对中国象棋的定型有影响。《玄怪录·岑顺》中提到“等下忽悠数百铁骑飞驰左右，悉高数寸”（棋子尺寸）、“东壁下是天那军，西壁下是金象军”（棋盘格式）、“前有金床戏局，列马满枰，皆金铜成形”（材质）。

宋代的象棋发展达到一个高峰，在各个阶层都颇为流行。棋具的材质、形式、做工等也丰富起来。一般器具以木质、铜质、瓷质为多见，高档棋具中还出现了檀木、象牙、玉、金等，棋盘也出现打马、象棋两用棋盘。元代棋具则逐步淘汰铜质，以陶瓷质为主，特别是景德镇青花釉里红棋具的出现是这一时代棋具的亮点。

明代棋具以反映文人风格的古朴的木制器具为主，与明代家具一样充满简练、精丽的韵味。清代棋具则开始追求富丽细腻的效果，镶嵌工艺开始较多地出现在棋桌、棋盘的制作中。

民国时期塑料棋具开始大规模生产并占据市场。同时象棋还被广告业看中，在一些商品（如药物、牙膏、香烟）等产品包装上出现了印制的象棋子，顾客需要购买到一定数量的产品才能集齐一副象棋。

宋平生先生藏

【参考文献】

张超英著《古代中国象棋棋具》，百家出版社，2003年。

朱南铣著《中国象棋史丛考》，中华书局，2003年。

张如安著《中国象棋史》，团结出版社，1998年。

（撰文：刘畅）

婚书封面

木板，凸版。版片高19厘米，宽10厘米，厚2厘米。双面雕刻。

婚书是男女婚姻的文字凭证。早在唐代，就已经有婚书了，《唐律》规定男女缔结婚姻两家须互报婚书。此后，历代均沿袭这条法律，开立婚书成为结婚必须履行的手续。婚书的撰写有一套较为固定的模式，例如婚书必由双方家长开具，一般是男请女答，婚书内列男女生辰八字及三代姓氏、籍贯、媒证、聘礼等其他商妥事宜，而且必须有开列婚契的一方与媒证共同签字画押，交付对方作为凭证。唐代以来，民间婚书模式基本固定，但是具体内容和形式变化纷繁，没有定制。婚姻乃“人伦之大者”，“众礼之首”，人们对待婚书自然也是极其用心，对形式要求十分考究，所以许多婚书形式设计精心、版式富有创意。婚书多为折页，封面多用雕版印刷。

此为婚书封面，推测其年代为清代，长方形，双面凸版。其中一面为四周两边，内有一圈漩涡纹。版内上方为文字，下方为版画，中间以线条隔开。上方框内竖行书写“金殿当头紫阁重，仙人掌上玉芙蓉，太平天子朝元日，五色云车驾六龙”等字。下方版画中心为一个官员与三个仆童形象，官员身后有围栏，上有方格纹，围栏左上可见花卉，右边可见竹子，中间上方有“卐”字符。官员与童仆脚下为斜纹地板。雕版另一面内容相近，版面周边的花纹一样，上方有同样大小的方格，里面文字内容也相同。仅文字下方版画略有不同，多了一个官员和两个僮仆人物形象。婚书封面雕刻上述内容，是寓意新郎官能登科及第，事业有成。

宋平生先生藏

【参考文献】

钱永兴著《民间日用雕版印刷品图志》，广陵书社，2010年。

郭松义、定宜庄著《清代民间婚书研究》，人民出版社，2005年。

陈翔，《庚帖、喜课与民间婚姻——四川省档案馆所藏巴县婚姻纠纷档案释读》，《中国档案》2008年第7期。

（撰文：张立朝）

喜课

木板，凸版。版片高16厘米，宽34厘米，厚3厘米。单版，20行，行13字。

“课”这里是“占卜”的意思，课书是指占命、算命所用的文书。喜课，顾名思义就是请人测算、挑选适宜举行结婚仪式的良辰吉日，并列出各项规矩、禁忌。其内容一般写在红纸上，并由男家告知女家，称“喜课”或“彩课”，有的也叫

“龙凤通书”。传统的婚姻讲究“纳采、问名、纳吉、纳征、请期、亲迎”这“六礼”，喜课就是“六礼”中的“请期”，是传统婚姻过程中必不可少的步骤。由于喜课格式固定，适宜于雕版印刷。

本雕版反映了传统民间婚姻中喜课这一活动，从其中的“稻火”字样，推测其可能是在南方地区雕刻使用。雕版左侧第一栏上写有“谨遵喜课”。第二栏至第五栏依次为课翁命、姑命、男命、女命等，就是为男方父母、男女双方测算的内容。第六栏内容为“行嫁大利，　月　日是为吉期，并无禁忌，大吉”，就是说明某个具体日期是良辰吉日可以举行婚礼。从第六栏至第十八栏，内容主要为婚礼过程中需要注意的规矩和禁忌。第十九栏为吉祥语，“天地氤氲，咸亨庆会，金玉满堂，长命富贵”。最后一栏为喜课日期。现存喜课封面多为雕版印刷，内容为手写，而此喜课内容亦为雕版印刷，比较少见，十分珍贵。

附录文：

谨遵喜课

一、课翁命　　不犯　天罡　主婚大吉
一、课姑命　　　　　河魁

一、课男命　　不犯　岁　星配婚大吉
一、课女命　　　　　命

一、行嫁大利　月　日是为吉期并无禁忌大吉

一、新人梳妆穿衣坐向　时　命人开面大吉

一、妨属　三相并孕产妇孝服之人避不可与新人见面内亲不忌大吉

一、新人上轿宜向　方大吉

一、路逢井石庙宇用花红盖之大吉

一、新人下轿宜向　方用稻火烧轿前大吉

一、用五谷铜钱草节麦麸迎门洒之门下置鞍大吉

一、用鼓声在大门外震之大吉

一、新人到院不可踏犯宫中行走大吉

一、新人到夫院先拜正西主长命富贵　大吉

一、新人进宅抱经红绢车幅镜宝瓶重物篋大吉

一、帷帐地宜用　房　间　坐　向　大吉

天地氤氲咸亨庆会金玉满堂长命富贵

年　月　日　南　选择

宋平生先生藏

【参考文献】

钱永兴著《民间日用雕版印刷品图志》，广陵书社，2010年。

郭松义、定宜庄著《清代民间婚书研究》，人民出版社，2005年。

陈翔，《庚帖、喜课与民间婚姻——四川省档案馆所藏巴县婚姻纠纷档案释读》，《中国档案》2008年第7期。

（撰文：杜春磊）

年画

木板，凸版。版片高30厘米，宽18厘米，厚2.5厘米。双面雕刻。

年画是中国特有的一种民间绘画艺术。因其在新年时候张贴，多含有祝福新年吉祥喜庆之意，故称年画。年画色彩丰富、鲜明，题材包罗万象，如：神仙、吉祥物、仕女、花鸟、世俗生活、戏曲、小说、故事传说等等，主要体现人们对于美好生活的向往。年画在印刷术发明后逐步由绘画发展为雕版印刷。明代以来，雕版年画繁荣起来，雕印年画的作坊几乎遍及全国，形成了不同的艺术风格和较为明显的地域特色，著名的有天津杨柳青、苏州桃花坞、河南朱仙镇、山东潍坊杨家埠、广东佛山、四川绵竹等。

此年画雕版，双面雕刻，一面为仕女图，另一面为花卉图。仕女是年画中常见题材之一，该雕版中心雕刻一仕女跪坐采摘瓜果形象，线条流畅柔美，仕女形象美丽动人。仕女上下方有卷云纹与草叶纹装饰。版画四周有三层边饰，最内层为一周三角形纹饰；再外层为一周桃花、蝴蝶相间纹饰；最外层为一周凹印圆点纹。另一面为花卉图，横版，中心为一平沿花盆，花盆腹部雕有三朵桃花纹。花盆中心植有一朵花，呈现出怒放姿态，并且向四周蔓生出许多花朵和枝叶，布满整个版心。雕版四周边饰与仕女图相近。

宋平生先生藏

【参考文献】

袁宙飞著《清代民间木版年画女性人物图像研究》，硕士学位论文，2007年。

（撰文：张立朝）

寄梅送春图信封

清天津文美斋刻版。木版，凸版。版片高12厘米，宽5.5厘米，厚2.8厘米。

天津文美斋肇始于康乾时期，其总店即设在天津著名的商业街估衣街。文美斋在天津、山东济南、河北张家口等地还设有分店，主营文房用具，也印发书籍、笺纸、信封等。文美斋聘请王鼎平、松年、张城、张兆祥、钱慧安等名家刻画，使文美斋在京津一带声名鹊起。文美斋曾多次印制笺纸，并辑成《百花诗笺谱》，光绪十八年（1892）首次刊行，单色印刷；宣统三年（1911）再次刊行，被公认为绘、刻、印俱佳之作。

在古代中国，驿站仅限于传递政府公文，老百姓的信件只能请托给亲戚、朋友、同乡等相识之人顺路捎带，寄希望于“鸿雁传书”“鱼传尺素”恰好反映了老百姓对亲友信件的迫切等待、望眼欲穿。清朝中期，出现了以“民信局”为代表的私人邮寄组织，专门投送私人信件，但仍然没有较为统一的制式信封，人们若需寄信件则可以购买或自制信封。此印版由文美斋制作，用于印制信封封面。

印版内容为寄梅送春图，寓意为以寄梅送春向亲朋好友表达思念和问候，其典故来源于南朝宋盛弘之《荆州记》：“陆凯与范晔相善，自江南寄梅花一枝诣长安与晔，并赠花诗：‘折花逢驿使，寄与陇头人。江南无所有，聊赠一枝春。’”秦观的《踏莎行·郴州旅舍》中也有“驿寄梅花”一语。印版左侧刻有一株盆景，花瓶呈圆柱状，细高，瓶身刻有万字纹，瓶中部刻有一枚如意，如意下部刻金钱纹，如意首呈蝙蝠状，花瓶顶部刻有回 纹和圆点纹。瓶内植有梅花一株，植株弯曲粗壮，苍劲有力，婀娜多姿，枝上花叶稀疏，花为五瓣，有蕊，叶呈圆形。植物右侧题“一枝春信报平安”，竖排，行书，是清朝信封上的常用吉语，意指在梅花绽放的初春时节，向亲友写信报平安，既象征着万物复苏的喜庆，又带来了彼此平安的佳音，双喜临门。题字后附印一枚，椭圆形，印文为“文美”二字，篆书。花瓶后方刻有两部书籍，刻有部分函套和书籍影像。花瓶右侧为一空白手卷，向左侧展开，其最左侧为卷起状，卷轴底面饰以祥云纹，轴部有竖条状空白。有边框，但磨损较为严重。

宋平生先生藏

【参考文献】

尤永清，《漫话古代邮驿》，《紫禁城》，2003年第1期。

丁雅丹，《天津文美斋〈百花诗笺谱〉研究》，《美术教育研究》2014年第13期。

（清）张兆祥绘《百花诗笺谱》，西泠印社出版社，2014年。

鲁迅、郑振铎合编《北平笺谱》，西泠印社出版社，2007年。

王永斌著《北京的商业街和老字号》，燕山出版社，1999年。

（撰文：刘化刚）

兰花诗笺

清光绪二十六年（1900）刻版。木版，凸版。版片高22厘米，宽11厘米，厚2.5厘米。

笺字《说文解字》谓：“笺，表识书也，从竹。”“笺”意即表明自我志趣、见解，并借此使他人理解。笺纸即被用于诗文唱和、书信往来，承载着知识分子们卓然于世的浪漫情怀。笺纸起于汉晋。南北朝以来，诗歌创作日盛，人们常在笺纸上手绘或印刷素洁高雅的图案或纹样作为装饰，如山水、花鸟、人物、器物、水纹、云纹等，笺纸的颜色也突破了单调的白色、米色，出现了深红、浅黄、铜绿、残云等多色笺纸，被称为“花笺”“彩笺”。唐代的薛涛笺、五代的砑光笺、宋代的金花笺等，均是盛极一时的花笺。信笺即写信用的笺纸，诗笺则专指纸张尺寸适用于题诗、题字的笺纸。

一些文人认为市井纸张难以承载自己的诗文，还会订制或自制诗笺，以更好地表达自己的精神追求。明代嘉靖年前，诗笺较为朴素简洁，万历年间彩色套印技术勃兴，套印的诗笺趋于精致华美，“文彩绚烂，夺人目睛”。清代涌现了一批制笺名家和名笺，但嘉庆后渐趋凋落。

此诗笺印版共有八栏，朱栏，两端有轻微磨损。印版中央有竖排阳刻文字十二字，刻写精美，笔法细腻，其中题词八字，即“一花一叶，天地皆春”，行书，柔美飘逸。此语既有禅意，又意味着哲人能见微知著、一叶知秋。兰花恰是与此题

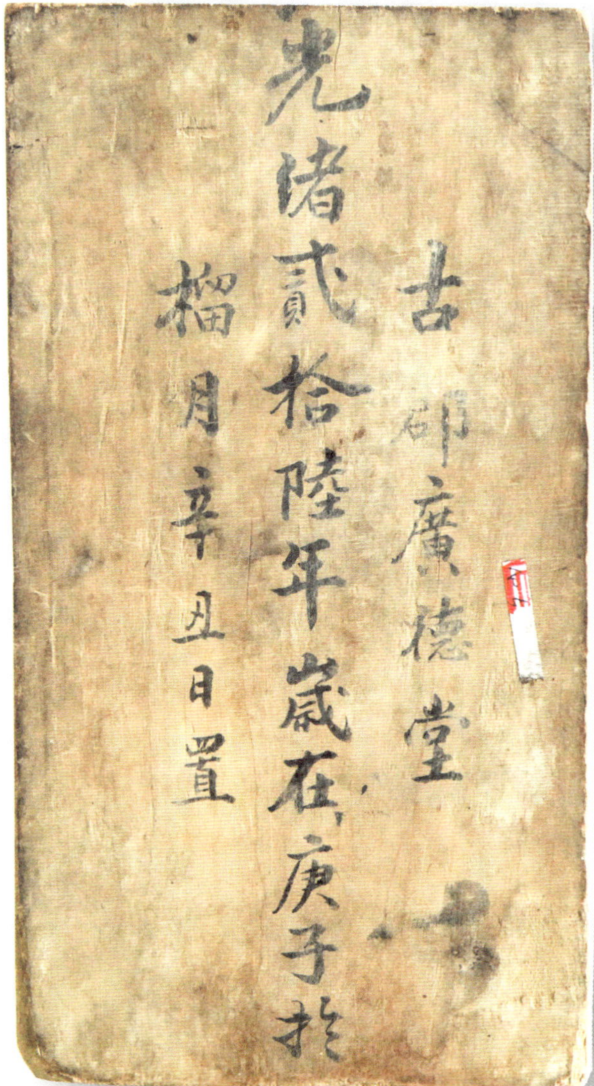

词相呼应。兰花坚忍不拔，高洁典雅，历来饱受赞颂。印版所刻的兰花是报春的使者，应为春兰，花期为2—3月，花香淡雅。落款为“仲夏偶写”，四字，楷书，字体有馆阁之风，丰腴俊秀，稳重大气，题记下部刻有印章一枚，椭圆形。印版左部刻有兰花一株，茎共有三支，次茎上有兰花一朵，花瓣硕大，花蕊较小，长茎一支，呈椭圆状向右上方弯曲，延伸至文字落款处，风格较为粗犷简洁。

宋平生先生藏

【参考文献】

（汉）刘安撰《淮南子》，岳麓书社，2015年。

（汉）许慎撰《说文解字》，中华书局，2013年。

林星垣，《明清尺牍的书法、印章和用笺》，《图书馆杂志》1991年第1期。

刘运峰，《文房清玩——笺纸（上）》，《世界文化》2011年第1期。

刘运峰，《文房清玩——笺纸（下）》，《世界文化》2011年第2期。

刘仁庆，《论笺纸——古纸研究遗补之二》，《纸和造纸》2015年第3期。

鲁迅、郑振铎合编《北平笺谱》，西泠印社出版社，2007年。

张铁弦，《从书简谈到诗笺》，《文物》1961年第1期。

朱仲岳，《笺纸与笺谱——写在〈萝轩变古笺谱〉发现之后》，《上海博物馆集刊》，上海书画出版社，2000年。

王树村，《诗笺之发展及其他》，《美术研究》2000年第2期。

（撰文：刘化刚）

双虾诗笺

木板，凸版。版片高17厘米，宽24厘米，厚1.6厘米。

此诗笺雕版共有十三栏，黑色，较细，保存完好。栏内空白区红色，有斧琢打磨痕迹。印版中部偏下处刻有双虾，双虾通体透明，头胸部硕大，触角、颚足交错，呈互搏状，笔触细腻，流畅逼真，步足与游泳肢刻写简洁流畅。印版边框上刻有装饰花纹，图案为双环连锁，具体为圆形和椭圆形相互间隔、环环相扣，黑色。印版右侧边框外有小块突出木板，刻有三字，楷书，是制作此印版店铺的堂号或笺名，黑色。一些印版往往将制作人的名号刻在印版内部的可印刷区域，有伤作品的整体性和美感，而此印版将堂号刻印在框外部，不伤雅，不入俗，避免了商业性语言的“乱入”，最大限度地保留了所印诗笺的纯粹性。

宋平生先生藏

（撰文：刘化刚）

壁纸刻版

木板，凸版。版片高53厘米，宽38厘米，厚3厘米。双面雕刻。

版面基本对称，正面刻有龙凤、蝴蝶、菊花等图案。两条龙相对而刻，头部在下方，为降龙纹。龙首有两角，张口，鱼鳞，五尾散开，两爪四趾，下爪踏水纹，周身衬有祥云纹。龙首前各有一个龙珠，形成龙吐珠图案，表达吉祥安泰和祝颂平安与长寿之意。

版刻凤凰的凤冠呈漩涡纹，尾羽散开。凤首朝向龙首方向，两只凤凰单翼相连并对称，分别浮于并蒂花之上。龙纹和凤纹是我国传统吉祥装饰纹样。龙象征力量，凤象征美丽，龙凤图案将龙的神气威武与凤的娇艳美丽结合在一起，寓意高贵、华丽、祥瑞、喜庆。并蒂花由同一花茎所生，比喻夫妻恩爱，形影不离，白头偕老。

龙凤尾部之间各刻有一只蝴蝶。蝴蝶在中国传统文化中是高雅文化的代表，双飞蝴蝶常被作为自由爱情的象征，寓意甜蜜爱情和美好的婚姻。蝶与“耋”同音，故也有长寿之意。

在刻版正中下方的龙珠之间刻有菊花纹。菊花与梅兰竹并成为四君子，是质洁、凌霜、不素的知识分子的象征，用来借以表达对高尚人格的追求。该雕版上的菊花纹与龙、凤、蝴蝶、缠枝等纹样的组合，也表达了福寿、平安、富贵等吉祥寓意。

雕版背面刻有盘长纹。盘长又称吉祥结，原为佛教法器之一。因为绳结形状连绵不断，没有开头和结尾，用它来表示佛法回环贯彻，含有长久永恒之意。在此则寓意对家族兴旺、子孙延续、富贵吉祥世代相传的美好祈愿。

宋平生先生藏

【参考文献】

陈学书编著《植物》，河南美术出版社，2012年。

古月编著《中国传统纹样图鉴》，东方出版社，2010年。

张晓霞著《天赐荣华·中国古代植物装饰纹样发展史》，上海文化出版社，2010年。

任菈撰《中国凤凰图像研究》，中国艺术研究院，硕士论文，2014年。

单琰譞著《浅说龙纹的造型艺术发展及审美价值》，扬州大学，硕士论文，2012年。

（撰文：刘畅）

文昌祠筹款启事

清刻版。木板，凸版。版片高26厘米，宽13厘米，厚2厘米。无版框，单版，5行，行14字，共57字。

此块雕版大致呈上宽下窄的长方体，楷书字体，无纹饰。其中奎星夫子一行为“双抬”，另行高出二格书写；文昌祠三字为“单抬”，另行高出一格书写，以示对“奎星”和“文昌”的尊重。

往昔科举取士，有“大魁天下士”“一举夺魁”的说法。关于奎星，宋戴复古《石屏诗集》卷七《寄后村刘潜夫》“朝廷不招李功甫，翰院不着刘潜夫。天下文章无用处，奎星夜夜照江湖”，说明宋代已有奎星主文的意象，另外，《古灵集》卷二十二也有“天上奎星专主文”的说法。关于“魁星”的记载，宋代方志中也已经出现，如南宋景定《严州续志》卷三学校条有“魁星楼为一学伟观……以奉魁星”的说法。顾炎武《日知录》记述：“今人所奉魁星，不知始自何年。以奎为文章之府，故立庙祀之。乃不能像奎，而改奎为魁。又不能像魁，而取之字形，为鬼举足而起其斗。不知奎为北方玄武七宿之一，魁为北斗之第一星。所主不同，而二字之音亦异。今以文而祀，乃不于奎而于魁，宜乎今之应试而中者，皆不识字之人与？”这段文字明确指出古人对“奎星”与“魁星”存在混淆的情况。

七月七日祭祀奎星，主要见于清代文献记载。道光《彰化县志》卷十二："魁神以七月七日，盖二七为火火文明之象，故祀。"光绪《辅修徐沟县志·风俗》："七月初七日祀魁星，士绅诣魁光楼献祭。"

文昌祠原是祭祀文昌，反映文昌信仰劝善书的经典著作是《文昌帝君阴骘文》。此书的成书时间尚无定论。"阴骘"一词来自《尚书·洪范》："维天阴骘下民，乡协厥居。"后引申为积累阴德。《阴骘文》以"因果报应"和"天人感应"为主要依据，说明文昌帝君被认为是主掌科考的神祇，故士人多崇祀，逐渐由士人影响到全社会，成为尊崇的神明。

附录文：

七月七日恭逢奎星夫子圣诞之期，年例献牲一只，祭糜一棹，供献三分瓜果全列至期同蘸，共襄盛事，各带钱　百文。会馆设于文昌祠。

经理人仝拜

宋平生先生收藏

【参考文献】

冯惠玲，《我国封建社会文书抬头制度》，《历史档案》1985年第1期。

张晓雪，《科举魁星崇拜源流考论》，《江南大学学报》2012年第4期。

周生霞，《浅谈敦煌博物馆藏魁星点斗砖》，《阳关》2012年第6期。

龙吟，《文昌信仰源流与文昌文化》，《中华文化论坛》1996年第2期.

刘明，《浅谈文昌帝君与文昌文化》，《天府新论》2012年第5期。

（撰文：徐慧子）

护戒牒

明继善禅林刻版。木板，凸版。版片高124厘米，宽60厘米，厚4.5厘米。版框四周刻云龙纹。单版，15行，行54字。

戒牒是指僧尼出家受戒后所得到的证件。此戒牒雕版没有刊刻日期，据戒文所引历朝圣旨仅至明洪武、永乐，而未出现清朝皇帝圣旨，断定其为明代戒牒雕版。

本件戒牒蕴含着丰富的历史文化内涵，仅就翻阅所及，阐述如下。众所周知，戒律是佛教信徒的行为规范和僧团日常生活行事的纲纪，分止持戒和作持戒两大部分：止持是制止身口意作恶的戒法，是禁止做的事情；作持是鼓励身口意行善的戒法，是鼓励做的事情。戒律作为佛教僧团防非止恶的规范，是佛教戒定慧三种修行方法之一，在佛教修行与思想体系中占有重要地位。

在中国佛教史上，虽先后有多部律典传入中国，但只有《四分律》广泛流行，一枝独秀，这与历代高僧大德的弘扬是分不开的。佛陀耶舍、竺佛念于后秦弘始十四年（412）译出《四分律》，60余年后北魏法聪开始弘扬，道覆、慧光等为之作注，并判为大乘律。到唐代，道宣以《四分律》为宗旨，在终南山创设戒坛，制定受戒仪式，正式开创律宗。此后，《四分律》在南北各地盛行，成为中国古代最有影响的佛教戒律。

在戒律中重要的是受戒仪式，即设立戒坛为出家的僧尼或在家的教徒传授戒法的一种宗教仪式。佛教在两汉之际传入中国，当时度人出家，只为其剃发披服缦衣，尚无传戒仪式。曹魏嘉平二年（250），昙柯迦罗来到洛阳，见众僧“道风讹替，未禀归戒”，于是在白马寺译出《僧祇戒心》，并请梵僧立羯磨法受戒，这是中国依律传戒之始。正元年间（254—255）安息国沙门昙帝在洛阳译出《昙无德羯磨》，中国始具备羯磨仪式。据史籍记载，朱士行是中国第一位受具足戒的僧人。中国尼众受具足戒始于东晋升平元年间（357—361）昙摩竭多“船上受戒”。十六国时期昙无谶（383—433）在姑臧（今甘肃武威）为道进等十余人传授菩萨戒，是为菩萨戒传入的嚆矢。

南北朝以来，各地立有戒坛300多所，均是按照印度样式所筑，形制参差不一。道宣结合中国特点，继承创新，于唐麟德二年（665）在长安净业寺建立戒坛、制定仪规，成为后世传戒的范式。永泰元年（765）长安大兴善寺设大乘方等戒坛，选僧尼三师七证各十人传戒，敕为临坛大德，此后成为常式。宝历元年（825），唐敬宗敕两街建方等戒坛，择戒行严洁者为大德。大中二年（848），唐宣宗敕长安、洛阳及荆、扬、汴、益等州建立方等戒坛，为僧尼传授戒法。大中十年（856），又令僧尼受戒须发给戒牒。这是中国僧尼受戒给牒的滥觞。

大中祥符二年（1009），宋真宗诏京师（今开封）太平兴

国寺立奉先甘露戒坛，天下各路皆立戒坛，凡七十二所。京师慈孝寺别立大乘戒坛，于诸方戒坛受声闻具足戒者，可在慈孝寺增受菩萨戒。此为三坛次第传戒的发端。

明洪武、永乐两帝分别于洪武十年（1377）、洪武二十四年、永乐五年（1407）下旨礼部发文昭告天下出榜开戒，并对依法受戒出家者进行保护，特许受戒者可以游方学道，习学经律，听教参禅，随身携带戒牒，自由通过关津把隘，任何人员不许阻挡，并成为定例。这样戒牒不仅是出家者的身份证明，而且也是一种通关证明。卷端题“继善禅林戒坛”，卷尾则题“今于□州佛国禅林建坛说戒”，继善禅林与佛国禅林情况及关系有待以后进一步深入研究。

附录文：

护戒牒

继善禅林戒坛　遵刊云峰戒板式

钦奉历朝圣旨，按唐麟德贰年诏，终南山澄照律师于净业寺建石戒坛，授具足戒。又宝历元年，敕两街建方等戒坛，择戒行者为大德。又大中贰年，敕上都、东都、荆、扬、汴、益等州建立方等戒坛，为僧尼传受（授）戒法。宋祥符贰年，诏京师太平兴国寺立奉先甘露戒坛，天下诸路皆立戒坛，凡柒拾贰所，京师慈孝寺别立大乘戒坛。明洪武拾年礼部尚书张吕本等奉圣旨：天下各寺院僧人们知道，如有僧人行童，愿要游方，习学经律，听教参禅的，听他出外参学，或在寺院，或在山林，其相讲明经义，传诵戒律，所遇官司毋得禁他，钦此钦遵，颁行天下。又于永乐伍年奉圣旨着落礼部知道：出榜晓谕该行脚僧人，受戒依大善知识结坛说戒，讲演经典，用心行持。若遇关津把隘，官人等不许阻当（挡），任他集众，教化普法，如朕亲临，教训圆明，无如佛上法宝，永为定例。今于□州佛国禅林建坛说戒，内有求菩萨戒弟子法名　　字　　系省　　府　　县　　氏子年　　岁于　　礼　　师出家。今本年　　月初一日发心，恭就佛国戒坛受沙弥十戒，初五日受具足戒，初八日圆菩萨大戒。永传戒法，用报国恩。为此具戒，各给一道，随身收执，游方参学，凡遇关津把隘处，执此验实，须至牒者。

羯磨阿阇黎

本坛传戒和尚尊证阿阇黎

教授阿阇黎

右牒给付菩萨戒弟子　　收执

年　　月　　日

宋平生先生藏

【参考文献】

学诚，《僧尼受戒制度古今谈》，《法音》1997年第3期。

赖永海主编《中国佛教百科全书·仪轨卷》，上海古籍出版社，2000年。

王建光著《中国律宗通史》，凤凰出版社，2008年。

（撰文：王姿怡）

敕令灭虫

清刻版。木板，凸版。版片高20厘米，宽11厘米，厚3厘米。四周双边，单版。

此块雕版从上到下可分为三层，上层为“敕令”，表明是符令类雕版。中层全部为文字，“谷雨洋洋，日出东方。太上有敕，五毒消亡。急急如令。”此类符令为“五毒符”，表达了人们希望在谷雨时节清除五种毒虫的愿望。据晋《抱朴子》：“老君真形者，思之，姓李名聃，字伯阳”，认为李聃便是老君，后世则称老子为太上老君。

谷雨节的来临既昭示着万物复苏、丰收临近，也预示着各种冬蜇毒虫的复苏和对人们生命安全产生危害的开始。清顾禄《清嘉录》中记述了山东地区在谷雨时节使用五毒符消灭毒虫的场景：“谷雨日画五毒符，图蝎子、蜈蚣、虺蛇、蜂、蜮之状，各画一针刺。刊布家户，以禳虫毒。”对于“五毒”各地认识不一，也有蛇、蝎、蝦蟆（蟾蜍）、壁虎、蜈蚣的说法，此雕版图像中的五毒即为这五种。流传至今的佩香囊、挂菖蒲、焚艾草、饮雄黄、吃“五毒饼”的习俗，就源于古代驱逐邪毒活动。

清除五毒的时间有多种说法，雕版中为谷雨时节，《明宫史》有“端阳五毒”的说法，从五月初一到三十日，让宫眷内臣穿五毒艾虎补子蟒衣。《林兰香》中也有“正值五月端阳……彩云早给顺哥作的大红罗衫上面系着长命缕，并彩帛作就的五毒及葱蒜玉瓜扁豆之类”，可见端午也是驱逐五毒的重要时间点。

下层有文字“晨逢谷雨临凡界”，表示神仙在谷雨时可以降临凡间。下层中间图像中的人物可能是天师、钟馗一类的仙人，《师伏堂骈文二种》中有“五毒天师”的说法。《酌中志》卷二十记载：“五月初一日起至十三日止，宫眷内臣穿五毒艾虎补子蟒衣，门两旁安菖蒲艾盆，门上悬挂吊屏上画天师或仙子仙女执剑降毒故事。”故宫建福宫内的紫檀柜格的背后贴着一件五毒符，用墨笔在红纸上书写：“谷雨日，谷雨时，谷雨风清大将军，蝎子若蜇人，即时化为血”，可见消灭五毒的仙人并不限于一人。

宋平生先生藏

【参考文献】

胡德生，《鬓符腰艾去纷纷——从故宫藏的五毒符说起》，《紫禁城》2013年6月。

（撰文：李周）

冥币

清刻版。木板，凸版。版片高23厘米，宽18厘米，厚3厘米。

该印版整体表现为升仙主题，采用阳刻法，画面分为四部分：一、最上面为扇面状匾额，内刻“钱垛万贯”；二、中间画面为升仙主题内容，底部刻有水波纹及莲花纹样，显然受到佛教影响，居中为“通宝”字样，并刻有回纹，两旁为“冥用资财”，及两条从烟云中升空的祥龙图案，上部为祥龙戏珠图；三、四部分，同属一个内容，位于整个刻版的最左边及最右边，刻有“敕令”“火”“化”字样，因此，这个刻版当是专门印刷用于烧钱给阴间用的“冥币”，也就是焚烧法，因为焚烧所致烟尘，被认为可入幽冥以供祖先享用。如《武义县志》载：“（清明）节之前后十余日，祭扫先坟，所谓‘纸灰化作白蝴蝶，血泪染成红杜鹃’，正此时也。”又比如《钱塘县志》载“（七月）僧家建‘盂兰大会’，延僧众施食。男女诣寺柑荐度亡，盛烧纸定，以资冥福”。“火”“化”二字上面分别刻有两个呈站立姿势的人物，由于最右边人物毛发甚长，应是成年男性形象，所以，两个人物不应是丧葬仪式中常见的男女童子形象，理解为阴间迎接死者的使臣当更适宜。

冥币是专为死者和鬼神所享用的“货币”。从文献记载、考古发掘和民俗调查中，可以发现大量的有关冥币的资料，大致可分为广义的冥币和狭义的冥币：广义的冥币包括随葬的真、假货币和抛撒、焚烧的假货币，真货币由于被随葬入土，已丧失作为货币的本质和基本职能，故也应归入“冥币”之内，但学界并没有定论是什么时候从诸如陶钱、铜钱等实物形态的冥币，向虚拟形态的纸钱冥币转变；狭义的冥币则指仿造各类真货币形式而制作的假货币，其中用纸制作的，仿铜钱形的俗称“纸钱”，仿钞票形的俗称“冥票”。

冥币对人类社会中的主观世界和客观世界有巨大的作用：主观方面，冥币对于生者有慰藉作用，不管是祭神还是祭祖，都是生者的一个美好愿望，希望在天堂和地狱的神鬼能够享用到人世的一切，生者宁愿相信有这样一个世界的存在，作为他们的一种精神寄托，可以得到心理的慰藉，适当减少我们生者的精神压力与悲伤之情；客观方面，从实物冥币到纸质冥币的转换，节约了物力和人力，减少了不必要的浪费，并形成了一种相比较于实物陪葬来说，更良好的风气。

宋平生先生藏

【参考文献】

（清）江留篇纂修《武义县志》，清康熙三十七年（1698）刻本。

（清）魏崃、裘琏撰《钱塘县志》，清康熙五十七年（1718）刻本。

白秦川著《中国钱币学》，河南大学出版社，2004年。

薛理勇著《丧葬习俗》，上海文艺出版社，2011年。

王雪农，《中国的冥币瘗钱及其演变过程》，《中国钱币论文集》（第三辑），中国金融出版社，2011年。

花海燕，《说冥币》，《文史知识》2006年第8期。

（撰文：陈都）

甲马

木板，凸版。版片高18厘米，宽12厘米，厚2厘米。

“甲马”作为一种古老而朴素的民间艺术形式，在民间流传甚广，在我国西南地区尤其是云南十分活跃，是一直流传至今的一种民间木刻版画。甲马虽小，但它涵盖了民间的文化内涵、宗教信仰和生产生活等诸多方面的内容，也折射出我国民间的朴素哲学思想，从文化意象的角度来看，它保留了原生的形态，在中国的历史长河中，它是具有独特的人文观念、艺术个性和审美价值的图形符号，是可贵的非物质文化遗产。

“甲马”是纸马的一种。《太平广记》卷三百一有“使赍酒脯纸马献于庙”的记载，《东京梦华录》卷七有“纸马铺皆于当街”的说法，说明早在宋代，就已经有纸马的存在。流传至今的纸马和汉族迁居云南有关，这种迁居活动自汉代就已经发生了。在明初，汉族民众大量移居云南。康熙《永昌府志》卷五：“……汉以前，其俗不可问矣。……其后渐通中国，习杂华风，俗亦渐改。迨明初徙南京人实永昌，则纯乎汉矣。”汉族移居云南，也将汉族经济文化带到了云南，其中当然包括用纸马来祭祖的仪式。少数民族在接受汉族“纸马”的基础上，结合本地原有的宗教观念，最终创造出具有自己民族特色的纸马。而这些地区的汉族纸马却几乎原封不动的继承了具有传统信仰内容的中原纸马。

民间认可的是源于此类版画中的一幅刻有一匹健壮的身裹护甲的奔马，鞍上插着一支令旗，因此得名。各地的纸马并不完全相同，但都在民间各种民俗活动中承担重要的道具，表达着人们各种的意愿成为象征性的符号，故而品种极其繁多。如象征婚庆的“合和如意甲马”、象征财富的“财神甲马”、祈望六畜平安的“保六畜甲马”、祭奠灶王爷的“灶君甲马”、福寿百年的“寿星甲马”、祈求金榜题名的“奎星甲马”、祭地川的“山神土地甲马”等等。从中我们可以看出，它具有实用和审美的两重性，是民间特定的形象化、符号化的精神产品。

此甲马刻版有边框，上下两栏。上栏为“甲马”二字，下栏为甲马图式：一人乘奔马，手持令字旗，而马着披甲，足踏祥云。版刻以阳文凸线刻制，线条粗狂流畅，造型质朴，人物形象生动，是较为典型的民间甲马版刻。

宋平生先生藏

【参考文献】

杨郁生著《云南甲马》，云南人民出版社，2002年。

丁今著《民间甲马版画欣赏》，云南美术出版社，2011年。

丁达贤著《古老神秘的白族甲马》，云南民族出版社，2013年。

杨松海，《云南纸马的源流及其民俗寓意》，《文化遗产》，2009年。

（撰文：陈都）

雕版古籍小知识

刻本

雕版印制书籍的统称。包括捺印和刷印等形式，主要指雕刻木板以成阳文反字或图像版片，经敷墨覆纸刷印而成的书籍。古籍刻本从时代划分，刻本分为宋、辽、西夏、金、元、明、清刻本等；从地域划分，有蜀刻本、浙刻本、闽刻本等，或细分为杭州本、越州本、衢州本、建阳本、麻沙本、平水本、眉山本等；从出资人或主刻人的角度划分，可分为官刻、私刻、坊刻，或细分为内府本、监本、公使库本、各路儒学本、经厂本、藩府本、殿本、局本等；从字体大小可分为大字本、小字本等；从刷印墨的颜色又分为墨印本、朱印本、蓝印本；从刊刻时间先后刷印早晚看，又分成初刻本、重刻本、覆刻本、初印本、后印本、重修本、增修本、三朝本、递修本等。

影刻本

依据某一底本覆纸影摹其图文及版式，再行雕刻木版，经敷墨覆纸刷印而成的古籍。

套印本

套色或套版刷印的古籍。早期为同版分色刷印，元代以后发展为两版或多版分色套印。套版是指雕刻两套大小相同或多套大小不同的版片，根据需要分别敷以相同或不同颜色，依次敷墨覆纸刷印而成的古籍。常见以朱、墨两色印成的朱墨套印本，又有用三色以上印成的三色、四色、五色等套印本。元代出现朱墨套印的书籍。明正德（1506—1521）以后，朱墨套印得以推广。湖州闵、凌二氏将套印技术发扬光大，由二色而三色、四色，甚至五色，二家套印书总计140余种，世称“闵刻”“凌刻”。清康乾之时，内府套印蔚为大观，以三、四色及五色套印《御选唐宋诗醇》《钦定古文渊鉴》等书。图刻的彩色套印，最初是在一块版上涂数种颜色，然后覆纸刷印，如万历间滋兰堂刻印《程氏墨苑》中的《天姥对廷图》《巨川舟楫图》及万历刻本《花史》等。稍后发展为多种颜色分版套印，明代末期进一步发展为饾版印刷方法。乾隆内府有五色套印、道光年间涿州卢坤有六色套印。

饾版拱花印本

运用饾版、拱花两种技法刻成印版，经敷墨覆纸刷印而成的古籍。

饾版印本

为了表现山川云雾、草木虫鱼、花鸟禽兽、建筑陈设等富有立体感，将一叶图文，或一个局部，分别刻成多块小木版，而后分层分色套印。因每块雕版小如饾饤，故名。

拱花印本

雕刻凹凸印版，覆纸压印，使图案花纹线条凸现纸面的古籍。多用于用以凸现山川云雾、草木虫鱼、花鸟禽兽及建筑陈设等造型的立体感。

磁版印本

用磁土制成泥版雕刻阳文反字，火烧令坚，再敷墨覆纸刷印而成的古籍。

活字泥版印本

选用旧有阳文反字的木质雕版作为字源，将特制泥条的一端压于木质雕版的单个文字上，制成阴文正字的泥质字模，再按照书的内容，检用对应的泥质字模排成书版，而后压于特制的泥版上，制成阳文反字的泥质印版，再敷墨覆纸刷印而成的古籍。

铜版印本

将底本图文蚀刻、雕刻在铜质基材上制成印版，再敷墨覆纸压印而成的古籍。

手书上版

雕版印刷一般经过写样、雕版、印刷和装潢四个环节。雕版印刷的写样请擅长书法者写就后，刻工依样雕版，印成后犹如手写，称为手书上版。手书上版有两种情况：一是雇请工匠写，如宋代唐仲友命匠人蒋辉伪造会子版；一是请名家写，如五代时刻《五经》即请李鹗书写。元代盛行赵体，很多写样是请长于赵体的书法家书写，如《松雪斋文集》，据说由赵孟頫之子赵雍写样。

官刻本

指历代官方机构刻印的书本。如宋代公使库、郡学，元代各路儒学，明代藩府、国子监，清代武英殿、官书局等。这些机构刻印的书本叫官刻本。

监本

历朝国子监刻印的书本。国子监是古代最高教育机关，据文献记载，从五代开始，国子监刻印有九经，北宋承其遗制，继续刻印经史。南宋时，旧版不存，遂征调地方版片至京师国子监印书，称旧版为“旧监本”，新版为“新监本”。明朝有南北两监，北京国子监称北监，南京国子监称南监。国子监所刻书籍主要是各种儒家经典、文史名著。

内府本

明清两代内廷刻印的书本。

巾箱本

也称袖珍本。巾箱即古人放置头巾的小箱子，巾箱本指可置于巾箱之中开本很小的图书。由于这种书体积小，携带方便，可放在衣袖之中，所以又称为袖珍本。古代书商还刻印有一种儒经解题之类小册子，专供科举考生挟带作弊之用，这种袖珍本则称为挟带本。

递修本

用经过两次或两次以上修补过的旧版刷印而成的书本。宋代的雕版，经宋元两代修补后在元代刷印成的书本称宋元递修本，或经元明两代修补在明代刷印成的书本称元明递修本，或经宋元明三代修补在明代刷印成的书本称宋元明递修本，亦称三朝递修本。如宋版眉山七史，多经宋、元、明三朝修补，称为三朝递修本或三朝本。

邋遢本

古籍书板因刷印多次，已经模糊不清，几经修补，极不整饬，印出的书被著录家称为邋遢本。如南宋绍兴间刻印的《七史》，元明两代一再修补，历经数百年，印出的书字迹漫漶不清，被称为“九行邋遢本”。

宋代官刻本

宋代官刻，分中央和地方两种。中央以国子监、崇文院、秘书监刻书为多。国子监曾刻印《九经》《十七史》等重要典籍。北宋时期，官府首次雕版印刷《开宝藏》和《政和道藏》。各地方官府、州或军学、郡学、县学、书院刻书很多，据文献记载及现存刻本牌记和题衔，有茶盐司本、转运司本、安抚司本、提刑司本、庾司本、仓台本、计台本、漕廨本、漕院本、学宫本、学舍本等。两浙东路茶盐司刻书较多。用地方政府公使库钱刻印之书，称“公使库本”。官刻本多数书品宽大、纸墨精良。

宋代私家刻本

私家刻本由私家出资或主持刻印。由于校刻人较注重底本选择，校订精细，故家刻本颇受推崇。宋代私家刻书最著名者，如嘉定十三年（1220）陆游之子陆子遹溧阳学宫刻《渭南文集》，刻印极精；廖莹中世彩堂刻《昌黎先生集》《河东先生集》，纸莹墨润，神采奕奕，藏书家推为宋版书之上品；建安黄善夫刻《史记》《后汉书》，为建本之精品，皆是有名的私家刻本。

宋代坊刻本

坊刻本指书商刻印之书。刻书坊肆又称书肆、书堂、书棚、书铺、书籍铺、经籍铺等，一般雇有写工、刻工、印工等，其刻书以售卖营利为目的。坊肆刻书起源最早，唐代印刷术发展以来，坊肆刻书十分兴盛，入宋后更为普遍。宋代坊刻遍布全国，尤以浙江、福建、江西、四川等地坊肆刻书为最活跃，所刻多为经史百家、唐宋名家诗文及民间实用书。最著名的有临安陈氏书籍铺、荣六郎书籍铺、建安尹家书籍铺、建宁黄三八郎书籍铺等。

元刻本

元代刻书，承宋金传统。政府重视刻书，官府与民间刻书业进一步发展。刻书地区分布更广，而仍以福建建阳和山西平水为最繁荣。浙江、江西刻书业很发达，官刻书多奉诏下杭州刻版。江南、江东、湖广各地在刻书方面也有所发展。元世祖将经籍所从平阳迁大都之后，北京刻书业随之兴盛。元代刻书仍以当时士大夫诵读必需的经、史为多，诸子书、类书以及新编农书、医书、科举用书等刻印量均很大。元刻本特点是字体多仿赵体，字多简化，不避讳，行格渐密，由左右双栏渐向四周双栏发展，目录和文内篇名上常刻有鱼尾，版心多作黑口。

元代官刻本

元代政府重视刻书，中央政府机关如兴文署、艺文监、国子监、太医院等皆曾刻书，以兴文署最著名。地方官府刻书很多，因政府拨款，选择良工，用上等纸墨，一般书品都比较考究，字大行疏、开本阔大、纸墨精良。元代官刻本以诸路儒学和书院为最佳，如大德年间（1297—1307）十路儒学刻十史、杭州路儒学刻《大元一统志》、大德三年（1299）铅山广信书院刻《稼轩长短句》、泰定元年（1324）西湖书院刻《文献通考》等，字体书写优美，行款疏朗悦目，刻印俱精。

元代私家刻本

在政府刻书风气影响之下，元代私家刻书比宋代有更大发展，私人刻书家增多，书籍刻印品种齐全，品质提高。《书林清话》收录元代私家刻书即有四十余人。其著称于世者，如岳氏荆溪家塾刻“九经三传”、平水曹氏进德斋刻《中州集》、吉安王常刻《王荆公诗笺注》、东平丁思敬刻《元丰类稿》等，皆镌刻极工，不下于宋版，为元代私家刻书之典范。

元代坊刻本

元代坊刻比官刻、家刻数量多、规模大。各地都有书坊，常延请名家校订，有不少精椠佳刻。福建建宁府为书坊聚居之地，刻书最多，建阳、建安尤为出名。元代坊刻涉及经学、诸子、医药、文集等各类书籍。今存者如余氏勤有堂刻《国朝名臣事略》、刘氏日新堂刻《伯生续诗集》、宗文堂刻《静修先生文集》、虞氏务本堂刻《赵子昂诗集》等，刻印较精，皆当时著名书坊所刻重要典籍。

明代官刻本

明代官刻主要有国子监刻书、经厂刻书及地方官署、藩府刻书等。永乐（1403—1424）后，国子监分南北，故监本有北监、南监之别。内府刻书由司礼监经厂统管。地方各省官司所刻图书不下数千种。官府刻书多以经史百家著作为主。正德（1506—1521）前较多延续元代刻本面貌，嘉靖（1522—1566）后则多模仿宋版的版式和风格。藩府刻书是明代官刻本中一大特色，以刊刻精美、纸白墨润著称。正统（1436—1449）、万历（1573—1620）间官修《道藏》《续道藏》，规模宏大，是道教全藏的唯一传本。洪武、永乐间刊刻的大藏经也非常著名。

明代坊私刻本

明代出版业飞速发展，尤以嘉靖、万历时期为最，北京、南京、苏州、徽州、杭州、湖州等地刻书业盛极一时，校刻精审的名家私刻本比比皆是，如沈辨之野竹斋刻《诗外传》、王延喆刻《史记》、吴勉学刻《古今医统正脉》、洪楩刻《清平山堂话本》等，吴兴闵氏、凌氏以套色印本著称于世。明末清初江苏常熟毛晋汲古阁刻书较多，《十三经注疏》《十七史》《津逮秘书》《六十种曲》等是其著者。明书坊刻书前期多经史读本，后期更多戏曲、小说、医书、日用类书等通俗读物。较著名的有刘洪慎独斋刻《新编纂注资治通鉴外纪增义》、唐氏富春堂刻《新刻出像音注增补刘智远白兔记》、容与堂刻《李卓吾先生批评红拂记》等。

明代藩府刻本

明太祖朱元璋为巩固政权，分封诸子于全国各地，此后诸帝多循此例。藩王待遇优厚，资财丰裕，多有刻书之好。秦藩、晋藩、周藩、楚藩、蜀藩、徽藩等最为著名，或翻刻宋元旧版古籍，或辑刻艺术、科技书籍，且多不计成本，校勘刻印精良，是明代官刻本中的佳品。

清代官刻本

清代雕版印刷规模超迈前朝，内府所刊书籍，数量庞大，精工细雕，式样丰富多彩。清前期官刻多在宫廷内府，武英殿掌刻实录、圣训、御制、钦定、典则、方略及经史、志乘、字学、类纂诸书，如《圣祖御制诗文集》《御纂性理精义》《数理精蕴》《佩文韵府》《骈字类编》《十三经注疏》《二十四史》《钦定兰州纪略》《高宗圣训》等。康熙时（1662—1722）设扬州诗局，所刊《全唐诗》《历代诗余》《渊鉴类函》等，刻印精妙。清晚期官刻多在地方，同治时（1862—1874）各省陆续设官书局，刻书甚多，较著名的有金陵书局刻“前四史”、《文选》，浙江书局刻《二十二子》《九通》，广雅书局刻《广雅丛书》等。

雕版字体的演变

自唐代雕版印刷术发明之初，即以楷书刻版，到宋代更为普遍，出现有浙刻、闽刻、蜀刻等不同刻书风格，其中浙刻本以欧体为主，闽刻本以柳体为主，蜀刻本以颜体为主，江西刻本则兼而有之。元代刻书多为赵体，书风秀逸，结体严整。明代刻书早期沿袭元代，尚存欧、颜、柳、赵之余韵；中期力仿宋本，即“宋体”，字形方正但较为刻板，此后一直广为采用；晚期发展为“长宋体”。清刻本的字体，初期仍尚前明旧习，康熙以后主要有软体字和硬体字两种，其中软体写刻字体娟秀端正，但气势偏软，硬体字（即仿宋体），道光前较为秀丽，道光以后，字体则愈加呆滞乏神。

鸣　谢

故宫博物院、首都博物馆、安徽博物院、宁夏博物馆、浙江图书馆、天津图书馆、湖南图书馆、中国科学院文献情报中心、曲阜市文物管理委员会孔府文物档案馆、泰安市博物馆、安徽源泉徽文化民俗博物馆、章丘市博物馆、保定市图书馆、宋平生先生等单位和个人为图录的编辑和出版提供了支持和帮助，特此鸣谢。